小さなお店&会社の
WordPress超入門
改訂2版

星野 邦敏／吉田 裕介／羽野 めぐみ／大胡 由紀
清水 由規／清水 久美子／山田 里江
リブロワークス

技術評論社

はじめに

　私がホームページ制作を始めたのは、今からもう16年前の2003年秋に、先天性の疾患を治すために入院したのがキッカケでした。お見舞いに来てくれた大学時代の友人が、「暇ならホームページでも作ったら？」と、ホームページの入門書を差し入れてくれたのです。すぐにネタも思いつかなかったので、ひとまず自分の入院＆リハビリ日記を作ってみました。

　たまたま作った初めてのホームページでしたが、そこに同じ悩みを持つインターネットユーザーが集まるようになり、交流や情報交換の場へと発展していきました。インターネット上では、ニッチな分野であっても自分が情報を発信し続ければ、同じ関心を持つユーザーと出会うことができる、ということを実体験として知りました。

　ホームページ作りはその時点では趣味でしかありませんでしたが、やがてインターネット広告が収益を生むようになり、4年後には勤めていた税理士法人を辞めて株式会社コミュニティコムを設立しました。早いもので会社も12期目になり、スタッフ数は40名近くになります。今ではIT事業とは別に、コワーキングスペース、貸会議室、シェアオフィスなどのリアル店舗の経営もしており、それらの店舗のホームページは本書で紹介する「WordPress」で作って運営しています。今の時代はインターネットがものすごく有効な集客手段だと実感する毎日です。

　私がWordPressのコミュニティに関わり始めた2008年はちょうど起業したての頃で、国内ではまだ少しずつ使われ始めた程度でしたが、現在ではサーバーインストール型CMSという分野で圧倒的なシェアを持つようになっています。中小企業や個人商店だけでなく、大企業や行政や学校のサイトでもWordPressで作られているホームページを多く見かけます。

　私の経験からも、お店や会社のホームページの作成ツールとしてWordPressが最適だと思い、その入門書の筆を取り、今回WordPressのバージョンアップに伴い、改訂版を執筆させていただきました。この本を手にされた皆さんも、ぜひWordPressを使ってホームページを作り、情報を発信することで生まれる世界を体験してください。自分が発信した情報が何倍にもなって返ってきたり出会いが増えたりして、お店や会社の売り上げにも繋がることが実感できると思います。

　この本は、まだホームページを作ったこともなかった16年前の自分を思い出して、当時の自分が初めの1冊に選ぶならこの本！と思えるように作りました。私個人としては15冊目の単行本となる著書ですが、弊社スタッフと共著という形では4冊目となります。社内のスタッフで本が出版できるようになったことは代表者として嬉しいかぎりです。また、スタッフの力を結集して作った本書のためのオリジナルテーマ「Saitama」もバージョンアップしております。

　この本を手にされた皆さんが実際に自分でホームページを作って、よかった！と思ってもらえることを願っています。

2019年6月
著者を代表して　星野邦敏

はじめに ··· 2
本書の特徴 ·· 10
サンプル素材のダウンロード ·· 12

Chapter 1
ホームページを作る前に知っておきたいこと

01 ホームページってどんなことができるの？ ···································· 14
ホームページを作るメリットは？
「自分で」ホームページを作るメリット
WordPressなら作成も更新もかんたん

02 ホームページを作るために必要なもの ·· 16
絶対に必要なもの
あるとよいもの

03 WordPressでホームページを作るメリット ································· 20
WordPressを使わない静的サイトは更新が大変
WordPressは内容を用意すれば、後は自動でやってくれる
WordPressで作られているさまざまなホームページ
拡張性の秘密は「テーマ」と「プラグイン」にあり

04 どのような構成のページにしたいか考えよう ······························· 24
サイトの目的を確認する
サイトに載せる内容をリストアップする
サイト構成を考える

05 ホームページ作成の流れを確認しよう ·· 26
ホームページ作成の流れ

Chapter 2
ホームページを作る準備をしよう

01 レンタルサーバーを選ぼう ··· 30
レンタルサーバーとは
「WordPress簡単インストール」機能付きがおすすめ

02 独自ドメインを取得しよう ··· 32
独自ドメインとは
ドメインを取得する

03 サーバーをレンタルしよう ··· 36
プランを選択して申し込む

04 WordPressをインストールしよう ·· 38
ユーザー専用ページからインストールを実行する

Contents

05 WordPressの管理画面にログインしよう ········· 42
　　WordPressの管理画面とは？
　　サイトと管理画面を切り換える
　　ログアウトする・パスワードを変更する
　　管理画面の主なページ

06 まずはURLに関する設定を行おう ········· 46
　　パーマリンクを設定する
　　サイトURLを独自ドメインに変更する
　　変更したURLを確認する

07 記事を書くユーザーの名前を設定しよう ········· 50
　　ユーザー名の代わりにニックネーム（表示名）を付ける

Chapter 3
テーマを設定して外観を整えよう

01 WordPressのテーマとは ········· 54
　　テーマでホームページのデザインが変わる
　　テーマを入手するには？

02 Saitamaテーマの特徴 ········· 56
　　デザイン上の特徴
　　機能上の特徴
　　カスタマイザーで設定結果を見ながらカスタマイズ
　　Saitama Addon Pack

03 テーマをインストールしよう ········· 60
　　公式テーマをインストールする

04 トップの画像を設定しよう ········· 62
　　ヘッダー画像とは
　　ヘッダー画像のアップロード

05 サイトロゴとキャッチフレーズを設定しよう ········· 66
　　サイトタイトルとキャッチフレーズを設定する
　　サイトロゴを設定する
　　テーマカラーを設定する

06 トップ画像をスライドショー形式にしよう ········· 70
　　スライドショーでトップページのアピール力を高める
　　スライドショーを設定する

Chapter 4
文章と写真を投稿しよう

01 「投稿」と「固定ページ」の違いを理解しよう ········· 76
　　更新頻度が高い情報は「投稿」で作成する
　　投稿するだけで自動的に複数のページが更新される

02　ブロックエディターの画面を確認しよう ─────── 78
　　　ブロックとは
　　　ブロック単位で移動・削除する
　　　ブロックエディターとは

03　「投稿」を書いてみよう ──────────────── 82
　　　「投稿一覧」でサンプルの投稿を削除する
　　　新規投稿を作成する
　　　パーマリンクを英数字に設定する

04　記事に画像を挿入しよう ─────────────── 86
　　　画像を挿入する
　　　画像の表示方法を設定する
　　　画像にリンクを設定する

05　文字を装飾しよう ───────────────── 92
　　　ツールバーやブロックパネルを使って書式設定をする
　　　太字を設定する
　　　文字色と背景色を設定する
　　　文字にリンクを設定する
　　　箇条書きを設定する
　　　見出しを設定する

06　文字と画像を並べて配置する ───────────── 98
　　　文字と画像を並べて配置する

07　記事にカテゴリーを設定しよう ─────────── 100
　　　カテゴリーとタグ
　　　カテゴリーを作成する
　　　記事にカテゴリーを設定する
　　　タグを作成する

08　アイキャッチ画像を設定しよう ─────────── 104
　　　記事にアイキャッチ画像を設定する

09　ページの表示を確認しよう ──────────── 106
　　　記事を投稿して結果を確認する

Chapter 5　商品ページを作ろう

01　ギャラリー機能を使って商品紹介をしよう ──────── 110
　　　WordPressのギャラリー機能
　　　ギャラリーを作成する
　　　ギャラリーを設定する
　　　画像ごとの詳細設定を行う
　　　ギャラリーを確認する

02　画像や動画に文字を重ねてみよう ──────────── 116

Contents

画像や動画に文字を重ねてメリハリをつける
カバーに表示効果を設定する

03 段組みと余白を使おう ……………………………… 120
段組みを追加する
段組みに画像と文字を追加する
段組みの分割を増やす
余白を入れる

04 ボタンを追加しよう ………………………………… 126
ボタンを追加する

05 記事を複数のページに分割しよう ………………… 128
記事を複数のページに分割する

Chapter 6
会社概要やアクセスページを作ろう

01 新しい固定ページを作成しよう …………………… 132
固定ページ一覧からサンプルページを削除する
固定ページで「営業時間の案内」ページを作成する

02 表を使った会社概要ページを作ろう ……………… 134
会社概要とは
テーブル（表）を作成する

03 地図が載っているアクセスページを作ろう ……… 138
地図を表示する方法
地図情報を取得する
地図を固定ページに表示する

Chapter 7
お問い合わせフォームを作ろう

01 プラグインを使用する ……………………………… 144
プラグインでWordPressを強化する
プラグインにもバージョンがある
WP Multibyte Patchプラグインをインストールする

02 Contact Form 7を導入しよう …………………… 146
Contact Form 7とは
Contact Form 7をインストールする

03 お問い合わせフォームを作ろう …………………… 148
フォームの項目を設定する

04 固定ページにフォームを設定しよう ……………… 150

　　　　固定ページにショートコードを貼り付ける
　　　　フォームの動作を確認する

　05　フォームに項目を追加しよう ……………………………………………………… 154
　　　　Contact Form 7 のフォームのしくみ
　　　　性別を選ぶラジオボタンを追加する
　　　　メールに項目を追加する
　　　　フォームの動作を確認する

Chapter 8　メニューやサイドバーをカスタマイズしよう

　01　メニューを設定しよう ………………………………………………………………… 160
　　　　グローバルメニューとは
　　　　メニューを作成する
　　　　固定ページを登録する
　　　　投稿を登録する
　　　　メニューの順番を入れ替える
　　　　メニューを階層化する

　02　サイドバーのウィジェットを変更しよう ……………………………………… 168
　　　　ウィジェットとは
　　　　サイドバーのウィジェットを削除・追加する
　　　　ウィジェットのタイトルを変更する

　03　Saitema Addon Pack をインストールしよう ……………………………… 172
　　　　Saitama Addon Pack とは
　　　　Saitama Addon Pack をインストールする

　04　トップページに注目してほしい情報を載せよう ……………………………… 174
　　　　トピックエリアとは
　　　　トピックエリアに表示する情報を設定する
　　　　ウィジェットを配置する

　05　フッターに連絡先情報や新着情報などを載せよう ………………………… 178
　　　　フッターの役割
　　　　連絡先の情報を入力する
　　　　新着情報を表示する
　　　　フッターにテキストウィジェットを追加する

　06　SNS と連携するパーツを表示しよう …………………………………………… 182
　　　　Facebook と Twitter のバナーを表示する
　　　　Twitter のウィジェットを取得する
　　　　埋め込みコードをテキストウィジェットで貼り付ける

　07　各ページにソーシャルボタンを設置しよう …………………………………… 186
　　　　ソーシャルボタンの役割

7

Contents

「AddToAny Share Buttons」をインストールする
ソーシャルボタンの設定を変更する

08　サイドバーにリンクを表示しよう ……………………………………………………192
サイドバーにリンクを表示させる2つの方法
リンクを設定する

Chapter 9
ホームページの運営に役立つテクニック

01　メンテナンス中のお知らせを表示しよう ……………………………………………198
メンテナンス画面を表示する
プラグインをインストールする
メンテナンス画面を有効化する
メンテナンス画面に表示する文章を変更する
検索エンジンがサイトをインデックスしないようにする

02　プラグインを使ってセキュリティ対策をしよう ……………………………………202
ホームページを危険から守るには
プラグインをインストールする
SiteGuardの設定状況を確認する
ログインページのURLを変更する
画像認証を追加する
ログイン詳細エラーメッセージを無効化する
ログインに失敗したユーザーをロックする
ログインがあったことをメールで通知する
ピンバックを無効化する
WordPress、プラグイン、テーマの更新を通知する

03　手軽にSEOをしよう ……………………………………………………………………208
WordPressサイトでもSEOは重要
ページ全体のキーワードと説明文を入力する
ページごとの説明文を設定する

04　WordPressのデータをバックアップしよう ………………………………………212
BackWPupプラグイン
プラグインをインストールする
バックアップジョブを作成する
ジョブの実行スケジュールを設定する
バックアップの対象とするテーブルを選択する
バックアップの対象とするファイルを選択する
バックアップファイルの保存先を設定する
作成したジョブの確認とバックアップの実行
バックアップファイルをダウンロードする
バックアップファイルから元のサイトを復旧するには？

付録

- 01 イメージどおりの写真素材を探すには？ ……………………………………… 222
- 02 ネットショップを設置するには？ ……………………………………………… 223
- 03 ページをパスワード制にするには？ …………………………………………… 224
- 04 ファビコンを設定するには？ …………………………………………………… 225
- 05 アイキャッチ画像に初期画像を設定するには？ ……………………………… 226
- 06 コメント欄を閉じるには？ ……………………………………………………… 227
- 07 スパムコメントを防ぐには？ …………………………………………………… 228
- 08 SNS向けのOGタグを設定するには？ ………………………………………… 230
- 09 Googleアナリティクスでアクセス解析するには？ ………………………… 231
- 10 定型の文章や画像を複数のページで使うには？ ……………………………… 232
- 11 SNSの投稿を記事に追加するには？ …………………………………………… 234

  - 索引 ……………………………………………………………………………… 235
  - 著者プロフィール ……………………………………………………………… 239

ご注意：ご購入・ご利用の前に必ずお読みください

■免責

本書に記載された内容は、情報の提供のみを目的としています。したがって、本書を用いた運用は、必ずお客様自身の責任と判断によって行ってください。これらの情報の運用の結果について、技術評論社および著者または監修者はいかなる責任も負いません。

また、ソフトウェアに関する記述は、特に断りのないかぎり、2019年4月現在での最新バージョンを元にしています。ソフトウェアはバージョンアップされる場合があり、本書での説明とは機能内容や画面図などが異なってしまうこともあり得ます。本書ご購入の前に、必ずバージョンをご確認ください。

以上の注意事項をご承諾いただいた上で、本書をご利用願います。これらの注意事項をお読みいただかずにお問い合わせいただいても、技術評論社および著者は対処しかねます。あらかじめご承知おきください。

■商標、登録商標について

WordPressの名称及びロゴの商標は、非営利団体であるWordPressファウンデーションが保有・管理しています。その他、本文中に記載されている会社名、団体名、製品名などは、それぞれの会社・団体の商標、登録商標、商品名です。なお、本文中に™マーク、®マークは明記しておりません。

本書の特徴

- 最初から通して読むと、体系的な知識・操作が身につきます。
- サンプル画像と専用テーマを使って学習できます。
- 本書専用テーマは、ご自身の会社・お店のサイトに使用できます。

本書の使い方

最初にその機能の概要を説明してから、実際の操作手順を説明しています。

それぞれの操作手順には、❶❷❸……という番号を振っています。

この数字は、操作画面上にも対応する数字があり、操作を行う場所と操作内容を示しています。

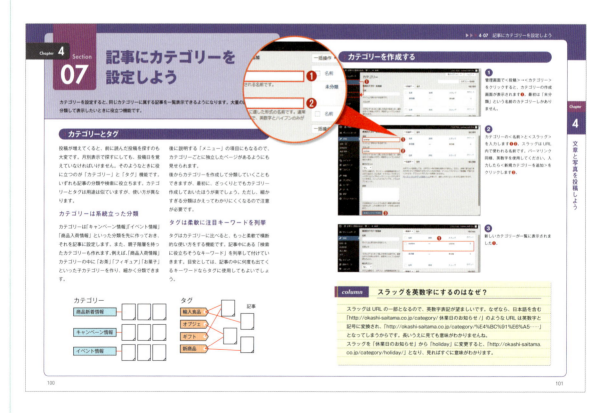

Saitama テーマ

本書で使用している Saitama テーマは、小さなお店や会社のホームページに最適なデザインと機能をシンプルにまとめた、オリジナルのテーマです。WordPress にインストールして、ロゴなどの画像を設定するだけでホームページのひな形ができあがります。特徴やインストール手順について詳しくは P.56 以降をお読みください。

動作環境について

本書は WordPress 5.1.1（以降 WordPress と表記）を対象にしています。本文に掲載している画像に関しては、WordPress と Windows 10、Google Chrome の組み合わせを使用しています。その他の環境では画面上、多少の違いがありますが、学習には問題ありません。

サンプル素材のダウンロード

サンプル素材について

本書で使用する画像は、以下のURLのサポートサイトからダウンロードすることができます。圧縮されていますので、ダウンロード後はフォルダを展開してから使用してください。

https://gihyo.jp/book/2019/978-4-297-10555-6/support

なお、本書オリジナルテーマのインストールについては、P.60をご参照ください。

サンプル素材のダウンロード

お使いのコンピューターを使用して、練習ファイルをダウンロードしてください。以下の手順は、Windowsでのダウンロード手順となります。

① Webブラウザを起動し、上記サポートサイトのURLを入力して[Enter]キーを押します❶。

② 表示された画面をスクロールし、「ダウンロード」をクリックします❶。

12

Chapter 1

ホームページを作る前に知っておきたいこと

この章では、会社やお店のホームページを作り始める前に、何を準備すればよいのかを説明します。パソコンなどのツールの知識も大事ですが、そもそもホームページの構成や内容（コンテンツ）が決まらなければ作ることができません。それさえ決まれば、後は「WordPress」があなたのホームページ作りを助けてくれます。

Chapter 1 Section 01

ホームページってどんなことができるの？

多くの人がインターネットで検索して情報を探す今の時代、会社がホームページを持つことは必須になりつつあります。ここではホームページを持つメリットや、自分で作ることのメリットについてご説明します。

ホームページを作るメリットは？

最近では小規模な会社や個人のお店でもホームページを持っていることが多いので、皆さんは自分のところでもホームページを作ろう、またはホームページをリニューアルしようと、この本を手に取ってくださったことでしょう。

では、具体的には、ホームページでどのようなことができるのでしょうか。ホームページの役割を確認することは、その内容（文章や写真などのコンテンツ）を考える上でも大切です。実際に作り始める前に考えてみましょう。

宣伝と集客ができる

ホームページを作れば、Yahoo! や Google のような検索エンジンにヒットするようになります。つまり、ホームページ経由で問い合わせが来たり、商品の購入や来店につながる可能性があるのです。チラシや雑誌などの紙媒体と違って紙面の制約なく文章をたくさん載せることができますし、また写真や動画などを使うことができるので、より具体的に宣伝できます。

宣伝効果を狙うためには、ホームページをマメに更新して情報発信していくことが大切です。

24時間働き続ける営業マンに匹敵する

ホームページは何もしなくても24時間公開されているので、日中だけでなく深夜の時間帯でも商品を宣伝し、メールで問い合わせをもらえます。また、全世界の人が情報を見ることができるので、海外相手にビジネスできる可能性も広がります。

信頼を得やすい

現在、企業として名刺交換をする場合、名刺にWebサイトのURLを載せることがすでに一般的になっています。また、お店の場合でもお客様

ホームページ ＝ 24時間働く営業マン → 宣伝 / 集客

が Web サイトで情報を確認することも珍しくありません。このときに、きちんとしたホームページがあれば、見る人に「ちゃんとした会社（お店）」というよい印象を持ってもらえるはずです。

「自分で」ホームページを作るメリット

では、さらに、「自分でホームページを作る」場合のメリットについても考えてみましょう。

低コストで済む

ホームページ作成をプロに頼むと、現在の相場では十数万〜数十万の費用がかかります。自分で作れば、サーバーのレンタル費用や、ドメイン取得費用とその月額使用料程度しかかかりません。

自由に作成できる

表現したい内容に応じて技術を身に付ける必要はありますが、自分の希望どおりの内容でホームページを作ることができます。

修正も自分でできる

自分で修正できれば、いつでもホームページの内容を最新にできますし、修正を依頼する費用もかかりません。

ホームページを自分で作ると、以上のようなメリットがあります。どうでしょう？　やる気が出てきましたか？

WordPressなら作成も更新もかんたん

「確かに自分で作れればコストが浮くけど、実際にできるのかな？」と疑問に思った人も多いでしょう。

ホームページの作成方法は1つではなく、色々な方法があり、インターネットで検索すれば、たくさんの情報が出てきます。それぞれ長所・短所があるのですが、この本では、WordPressという無料のブログ（サイト）作成ツールを利用して、「ホームページ作成を専門に勉強したことがない人でも、Web制作会社に依頼せずに、ホームページをかんたんに作成できる」方法を説明します。

「作ったはよいけど、更新とか、メンテナンスとか面倒だなあ」という人も、大丈夫。WordPressの長所の1つが「更新がかんたん」なことです。サイト作成のための技術であるHTMLやCSS、またPHPなどのプログラミング言語がわからなくてもOKです。よくあるブログサービスのブログの更新と同様の作業のみで、更新ができるのです。

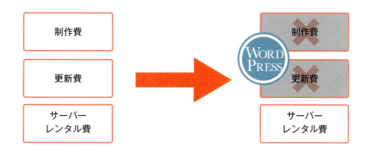

Chapter 1 Section 02

ホームページを作るために必要なもの

Webサイトを作ってみようと思っても、本当にすぐにできるのでしょうか。そもそもホームページ作成に必要なものはなんでしょうか？　ここでは必須なものとあるとよいものを掘り下げてみましょう。

絶対に必要なもの

ホームページを作るために必要なものの中には、それがないと絶対に作れないものと、あればよりよいホームページが作れるものとがあります。まずは絶対に必要なものから見ていきましょう。

コンテンツ

コンテンツというのは、サイトの内容です。当然ながら一番重要なものです。中身であるコンテンツがなければ、サイトは完成しません。
会社やお店いずれの場合も、以下の3つの軸を中心に、内容を考えていくとよいでしょう。

①会社の情報
例：会社概要、アクセス、事業内容、商品リスト、サービス内容など

② Webの仕組みを使った内容
例：お問い合わせフォーム、商品販売のシステム、サービスへの会員登録など

③定期的な情報発信としての内容
例：最新ニュース、社長ブログ、社員ブログなど

もちろん、上記の内容をすべて盛り込む必要はありません。自分の会社やお店のすべての情報を載せるのではなく、重要な情報（会社概要、アクセス）とホームページでアピールしたい内容（商品・サービスの紹介）に絞ってわかりやすく載せる、というスタイルもよいでしょう。

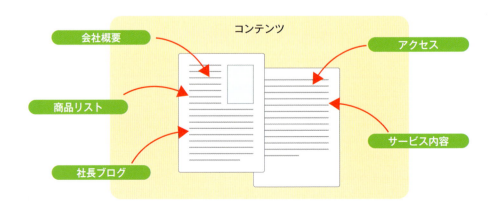

パソコン

Windows、Mac などの種類は問いません（本書では Windows の画面で解説しています）。高性能である必要はありませんが、新しいもののほうが作業はスムーズに進むでしょう。ちょっとした記事の更新ならスマートフォンでも行えます。

インターネットに接続できる環境

インターネットが問題なく閲覧できる環境があれば大丈夫です。

Web ブラウザ

普段使っているブラウザに加え、ユーザー数が多いブラウザ（Internet Explore、Google Chrome、Firefox など）もあると便利です。ブラウザによって、サイトの色や、文字など、見え方が違ってくることがあるので、どのブラウザでもきちんと見られるかどうか、確認できるとベストです。主要なブラウザは無料でダウンロードできるので、かんたんに用意できます。

レンタルサーバーのアカウント

ホームページは、会社のパソコン上に作るのではなく、サーバーと呼ばれるコンピューターをレンタルし、その中に作ります。自宅の部屋の中にお店を開いても誰も来ませんが、ショッピングモールの中に店舗を借りれば多くの人に来てもらえますね。そのようなイメージです。

「レンタルサーバー」で検索すると、たくさんの業者がヒットしますが、WordPress が利用できるサーバーを探しましょう。この本では、「ロリポップ」というサービスのサーバーをレンタルしてホームページを作成する手順を紹介します。

サーバーのレンタル料は月数百円から。無料のところもありますが、会社やお店の場合は、有料のサーバーをおすすめします。

無料のレンタルサーバーには、広告が入ることも多いですし、後で説明する「独自ドメイン」を持てないことが多いためです。

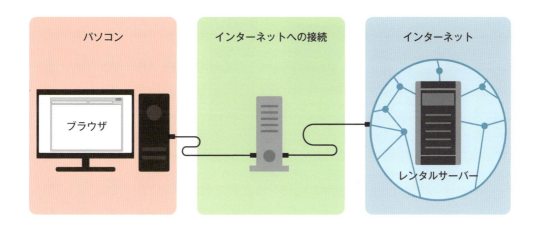

あるとよいもの

必須ではありませんが、用意できればさらによいホームページを作る助けになるものを紹介します。

独自ドメイン

ドメインとは、自分のホームページのアドレスの「http://」または「https://」以下の部分です。この部分を「自分の好きな名前に設定する」ことが「独自ドメインの取得」です。

通常、サーバーをレンタルすると、自分専用のドメインが割り当てられます。たとえば、「ロリポップ」でサーバーをレンタルした場合、ロリポップから割り当てられた中から選ぶので、アドレスの中に「lolipop.jp」などと付くことになります。これはサブドメインと呼ばれるもので、オリジナルのドメインとはいえません。

ブログなど個人で利用する場合ならそれでも充分かと思いますが、会社やお店などの場合は、独自のドメインがあるとより信頼性が増す可能性があります。

素材

画像、映像、イラストなどのホームページに載せる素材もあらかじめ用意しておきたいです。他のホームページから画像などを転用するのは禁止されている場合が多いので、十分注意してください。商用可能なフリー素材を配布しているサイトや、素材を販売しているサイト、あるいは、自分で撮った写真などを利用しましょう。

自分で撮った写真でも、他の人が写っている場合、著作権や肖像権のあるものが写りこんでいる場合は、許可などについて事前に確認しましょう。

独自ドメイン

http:// 自分の会社名 .co.jp

フリー素材サイト

「PAKUTASO」https://www.pakutaso.com/
高品質・高解像度の写真素材を無料で配布しているストックフォトサービス。時事ネタなどの素材も多い。

「写真素材 足成」http://www.ashinari.com/
全国のアマチュアカメラマンが撮影した写真を、写真素材として無料で提供。掲載数が多く、毎日更新されている。

画像処理ソフト

画像処理ソフトには、Windowsに付属する無料の「ペイント」や「フォト」の他、さまざまな写真編集ソフトや、プロのデザイナーが使うPhotoshopなどのソフトがあります。サイズの変更程度なら、プロ向けの高価なツールは不要で、無料の「フォト」でも十分対応できます。

画像素材の加工については、市販の素材集などの素材でも「加工不可」なものがあるので、使用許諾を確認するようにしましょう。自分で撮った写真なら基本的には加工しても問題はありません。

FTPソフト

FTPソフトは、手元のパソコン内にあるファイルを、レンタルサーバーに転送するために使います。ただし、本書の解説に沿ってWordPressでホームページを作る場合は基本的には必要ありません。

代表的なFTPソフトには、WindowsならFFFTPやFileZillaなど、MacならFileZillaやCyberduckなどがあります。これらはすべて無料でダウンロードできます。

Adobe Photoshop CC

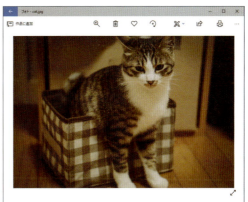

Windows 10 標準搭載の「フォト」

---

column　写真の無断ダウンロードは要注意

他のWebサイトやブログでアップされている写真を無断でダウンロードして自分のWebサイトで使うと、権利者からのクレームやインターネット上で炎上するリスクもありますし、訴えられて損害賠償請求を求められる可能性もあります。技術的には気軽にダウンロードできる時代ですが、下記URLも参照にしつつ、くれぐれも気を付けましょう。フリー素材サイトの写真を利用する場合も、最初に「利用規約」などに目を通すようにしてください。

・著作権についての参考サイト（公益社団法人著作権情報センターのサイト）
　http://www.cric.or.jp/qa/index.html

Chapter 1 Section 03

WordPressでホームページを作るメリット

WordPressを使えば、文章や写真などのコンテンツを用意するだけで、かんたんにホームページを作成できます。その理由を改めて説明します。

WordPressを使わない静的サイトは更新が大変

WordPressのメリットを理解してもらうために、まずはWordPressを使わないホームページ制作では何が大変なのか、という点から説明していきましょう。

ホームページの制作・更新方法は、基本的に手動で更新する「静的サイト」と、WordPressのようなプログラムを使って更新する「動的サイト」の2つに分けられます。

静的サイトの場合、制作・更新作業は手動なので、更新が必要な場合は各ページのファイルを書き換えて、それをサーバーにアップロードしなければいけません。1つの記事を追加するだけならそれほど大変ではないかもしれませんが、普通はその記事へのリンクをトップページなどに設置する必要があります。そのため、記事のファイルだけでなく、そこにリンクするページすべてのファイルを書き換える必要が出てきます。これを手動で行うのはなかなか大変です。

また、コンテンツからページを作るためには、HTMLやCSSなどの言語を使うので、その知識を持つ人でないと更新ができない点も無視できません。つまり、ホームページ更新の担当者を社内に置くか、外部のプロに更新作業を依頼する必要があるのです。

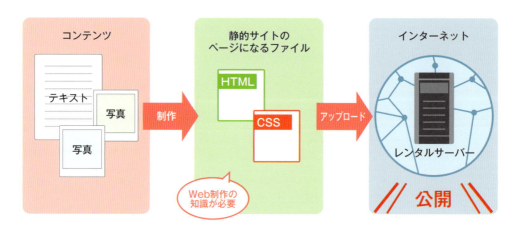

更新のたびにこの作業が必要。

WordPressは内容を用意すれば、後は自動でやってくれる

そこで、この日々の更新をサイト制作の知識がない人でもかんたんにできるようにしたものが、「動的サイト」の一種である「CMS（コンテンツ・マネジメント・システム）」です。本書で解説するWordPressは、サーバーインストール型CMSとして、世界でも日本でも圧倒的なシェアを誇るツールです。

CMSは、その名のとおり、文章や写真などのコンテンツをマネジメント（管理）するシステムのことで、「ホームページをかんたんに管理・更新するプログラム」と言い換えてもよいでしょう。CMSを使う場合、自分でページを作る必要はありません。コンテンツの文章や写真などを管理画面から投稿すれば、自動的にページが作られます。投稿・更新するだけならHTMLなどの知識は不要なので、誰でも更新できます。静的サイトでは大変だったトップページから記事へリンクするといった作業も、自動で行ってくれます。

コンテンツを投稿するだけで、ページが自動的に作られる。

WordPressの管理画面。ここにコンテンツを入力していくとホームページができあがる。

WordPressで作られているさまざまなホームページ

日本においても、WordPresssで作られている企業サイトやマガジンサイト、ブログが数多くあります。ここではWordPressで作られている有名サイトをいくつかご紹介しましょう。
WordPressは個人や中小企業だけでなく、誰もが知っている有名人や大学や企業、スポーツクラブチームや観光協会でも、ホームページを作るシステムとして活用されています。事例からもわかるように、同じツールで作ったとは思えないほど、デザインの自由度と拡張性に優れています。それでありながら、コンテンツを入力する「管理画面」は直感的に操作できるので、Web制作の知識がない初心者でも手軽に制作・更新ができる点も魅力です。

浦和レッドダイヤモンズ公式サイト
https://www.urawa-reds.co.jp/

早稲田大学
https://www.waseda.jp/top/

クックパッド株式会社
https://info.cookpad.com/

さいたまスーパーアリーナ
https://www.saitama-arena.co.jp/

美的.com（小学館）
https://www.biteki.com/

南三陸町観光協会公式ホームページ
https://www.m-kankou.jp/

拡張性の秘密は「テーマ」と「プラグイン」にあり

WordPressはオープンソースで開発が進められており、PHPというプログラミング言語と、MySQLというデータベースの知識を持つ開発者であれば自由にカスタマイズすることができます。カスタマイズしたプログラムは「テーマ」（P.54参照）や「プラグイン」（P.144参照）という形で公開できるので、それをインストールすれば開発者でない人でも同じようにカスタマイズしたサイトが手に入ります。開発者の増加が利用者を増やし、それがさらに開発者を増やす……という好循環が生まれています。

WordPressのテーマ管理画面。全世界の多様なテーマからデザインを選択できる。

プラグインのインストール画面。表作成、フォーム作成、ソーシャルボタンの配置など、さまざまな機能を追加できる。

Chapter 1 Section 04

どのような構成のページにしたいか考えよう

ホームページの構成を考える場合、まずは何のためにサイトを作るのかという「目的」から考え始めましょう。そこからコンテンツをリストアップし、構成を考えていきます。

サイトの目的を確認する

ホームページを作る上で、一番重要なのは「内容」、すなわち文章や写真などの「コンテンツ」です。ホームページを見に来る人は、お店へのアクセス、新商品について、会社概要など、知りたい情報を求めて来ます。自分の探している情報がすぐに見つかれば、お店のサービスや商品を利用してくれるかもしれません。逆に、情報が見つからなければ、すぐにサイトを去り、別のサイトへ行ってしまうかもしれません。

見に来てくれる人が情報をすぐに探せるような、わかりやすいサイトを作成するように心がけましょう。利用者が、サイトにたどりついてから、1～2回のクリックで知りたい情報にたどりつけるのが理想です。

サイトの目的

サイトを作成する目的は何でしょうか。
お店や会社の場合なら、
- お店（会社）の紹介
- お店（会社）の商品、サービスの紹介
- お店（会社）の商品、サービスの販売

といった場合が多いと思います。どの情報をメインにしたいのか、確認しましょう。それにより、サイトの構成や内容も変わってくるはずです。

一番伝えたいこと、伝えたい相手

もし、サイトの目的がわからない場合や、迷う場合には、次のことを考えてみましょう。
- サイトで一番伝えたいこと
- 伝えたい相手（サイトのターゲット）

サイトの構成やデザインの指針になる

「サイトで一番伝えたいこと」はサイトの構成に、「伝えたい相手」は、サイトのデザインに関わってきます。

たとえば、新商品の紹介に力を入れたサイトの場合は、トップページの最新情報を、目に着く場所に、大きめに表示させると効果的でしょう。伝えたい相手が20代～40代の女性の場合は、優しい色合いの落ち着いた感じのサイトデザインにすると効果的かもしれません。

「小さな雑貨屋さん」がサイトを作る場合

| サイトで一番伝えたいこと | | どんな商品を扱っているか |

| 伝えたい相手 | | 20代～40代の女性、ちょっと変わった雑貨ギフトを探している人 |

サイトに載せる内容をリストアップする

サイトの目的がはっきりしたら、次に、サイトに載せたい内容をすべて書き出しましょう。

ここでは、「小さな雑貨店のためのサイト」を作る場合を考えてみます。

雑貨店のためのサイトに載せたいもののリスト

- お店について
- お店までのアクセス
- どんな商品を扱っているか
- 営業時間について
- 定休日について
- イベントについて
- キャンペーンについて
- お問い合わせ先について
- 店長のブログ
- 求人情報

サイト構成を考える

次に、リストアップした内容を整理して、サイトの構成を考えましょう。構成を考える際には、以下のようなツリー図（木が根元から枝分かれしているような図）にするとわかりやすいでしょう。この図がそのままサイトの構成となります。

サイト構成を考えるときは、トップページから目的の情報まで何回のクリックでたどりつけるかも重要です。あまり階層が深いと、利用者が迷ってしまうので、多くとも3クリック以内までの構造を目安に、リストアップした内容をツリー図に当てはめてみましょう。

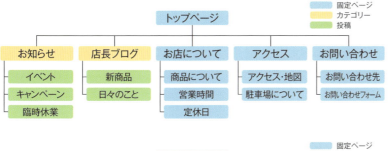

トップページから2クリックでたどりつけるサイト構成は、シンプルで利用しやすい。

コンテンツが多い場合は、3クリック構造も検討してみよう。

Chapter 1 Section 05 ホームページ作成の流れを確認しよう

ホームページを作ろうと決めたものの、どこから手をつけたらよいのかわからないというのはよくあることだと思います。まずは、ホームページ作成の流れを確認しましょう。

ホームページ作成の流れ

①どのような内容にするか考える

サイトの目的（会社の紹介か、商品の紹介か、商品の販売か……など）を考えて、それをもとに構成を検討し（お店について、商品について、アクセス、お問い合わせフォームなど）、それぞれのページに何を載せるか決めます。

②独自ドメインを取得する

P.18でも解説したように、独自ドメインを取得しましょう。
独自ドメインがなくてもホームページは公開できますが、会社などのホームページなら、「https://communitycom.jp」というように、自社名を入れたURLのほうがベターです。会社のホームページとしての体裁も整いますし、SEO（検索エンジン最適化）の上でも効果があります。「独自ドメインを持っているということは、きちんとした会社（お店）なのだろう」という印象を持ってもらう可能性が高くなります。

③サーバーをレンタルする

レンタルサーバーは、非常に沢山の会社が運営しているので、そこから1つ選ぶのもひと苦労です。今回はWordPressを使用するので、「WordPress簡単インストール」に対応しているサーバーをおすすめします。

④WordPressをインストールする

レンタルサーバーが提供している「簡単インストール機能」を使います。説明のとおりに操作すれば、かんたんにインストールすることができます。

⑤サイトデザインを決める

WordPressは、テーマを選択するだけで、サイトのデザインとページ構成がガラリと変わります。今回は、お店のサイトがよりかんたんにカスタマイズできるよう、専用のテーマを用意しました。

⑥コンテンツを書く

それぞれのページにあった内容を記入していきましょう。本などの活字と違い、サイト作成のよい点は、修正が比較的容易ということです。もちろん誤字脱字などは最初からないのが一番ですが、公開された後でも、随時修正できるので、まずはコンテンツをどんどん作成してみましょう。

⑦機能を追加する

お問い合わせフォームのような、ホームページな

らではの機能を追加します。

⑧さらにカスタマイズする

グローバルメニューや、ヘッダー、フッター、サイドバーなどの共通部分をカスタマイズして、さらに見やすいサイトにしましょう。

⑨ホームページを運用する

⑧まででホームページは完成しますが、作ったら終わりではいけません。その後もこまめな更新やメンテナンスを行ってこそ、「24時間働き続ける営業マン」としての役目を果たせます。

それでは次の章から、実際にホームページ作成を進めていきましょう。

作成の流れとその解説ページ

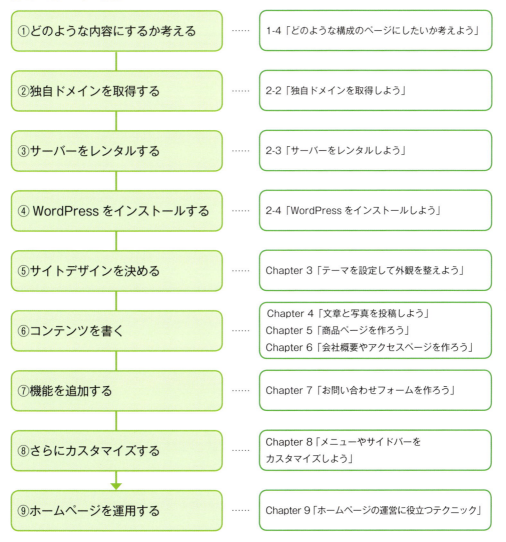

column 企業ロゴにはたいてい使用ガイドラインがある

「企業ロゴなんてあまり関係ない」と思う人もいるかもしれませんが、多くのホームページに配置されている Twitter や Facebook のボタンなども、企業ロゴの一種です。基本的にロゴの改変は当然 NG ですし、ロゴを利用してバナー画像などを作る場合にも制約があります。
例えば、Facebook はテキストで表記する場合は「F」を大文字にしなければなりません。小文字の「facebook」は NG であるほか、「Face Book」「FACEBOOK」といった表記も NG です。
https://ja.facebookbrand.com/

また、Twitter はロゴと他の素材を組み合わせて使用する場合は、最小サイズやロゴ周囲に必要なスペースのサイズが決められています。
https://about.twitter.com/ja/company/brand-resources.html

以下に、よく使われそうな企業ロゴのガイドラインを挙げるので、参考にしてください。

○ LINE
https://line.me/ja/logo
○ Amazon
https://affiliate.amazon.co.jp/promotion/trademarkguidelines
○ 楽天
https://corp.rakuten.co.jp/brand

企業のロゴを使用したい場合は、事前に規約を確認しよう。

Chapter 2

ホームページを作る準備をしよう

ここではホームページを作る準備、すなわち、レンタルサーバー上で WordPress を使えるようにする手順について解説します。契約や設定の手順はレンタルサーバーの事業者によって異なりますが、大まかな流れはどこもそう大きくは変わりません。

Chapter 2 Section 01

レンタルサーバーを選ぼう

ホームページを公開するにはサーバーが必要です。サーバーにもいろいろな形がありますが、WordPress をかんたんにインストールできる機能があるレンタルサーバーがおすすめです。

レンタルサーバーとは

Chapter 1 でも何度か名前が出てきましたが、「レンタルサーバー」とはホームページをインターネットに公開する「サーバー」（Web サーバー）をレンタルするサービスです。サーバーはパソコンと基本的には同じものなので、自分で用意したパソコンをサーバーにすることもできますが、Web サイトをインターネットに公開するためには、いろいろな手続きやメンテナンスが必要です。そこに手間をかけるよりは、レンタルサーバーを利用したほうが、安定していてコストも抑えられます。

レンタルサーバーにもさまざまな業者があり、月あたりのレンタル料金も千円以下から数万円に及ぶものまで幅広くあります。本書で想定しているお店や会社のサイトなら、低額のサーバーで問題ないでしょう。

中には無料で使えるレンタルサーバーもあります。ただし、たいていはサイト内に広告が表示される契約になっているので、お店や会社のサイト用としてはあまりおすすめしません。

レンタルサーバーの一例

ロリポップ！レンタルサーバー（https://lolipop.jp）

さくらインターネット（https://www.sakura.ne.jp/）

「WordPress 簡単インストール」機能付きがおすすめ

本書ではWordPressを使用してホームページを作っていくので、サーバーにWordPressをインストールする必要があります。インストール作業にもいくらかは手間と知識が必要ですが、それより大事なのは、サーバー上でPHPというプログラム言語とMySQLというデータベースが動作することを確認することです。

こういった確認は初心者には少しハードルが高いのですが、最近のレンタルサーバーでは「WordPress簡単インストール」機能を搭載したものが増えています。WordPressはユーザー数が非常に多いので、手軽に使えるようにサービスされているのです。

これなら、難しい確認をしなくてもWordPressが使えることは確実ですし、かんたんな手順でインストールが完了します。特に理由がなければ簡単インストール機能付きのサーバーを選ぶとよいでしょう。

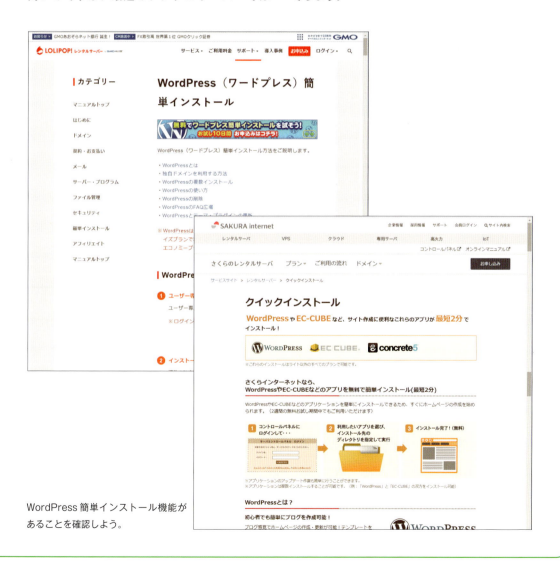

WordPress簡単インストール機能があることを確認しよう。

Chapter 2 Section 02

独自ドメインを取得しよう

お店や会社のURLを覚えてもらいやすくするためには、社名などが入った「独自ドメイン」を取得するとよいでしょう。ここでは「ムームードメイン」を例に取得方法を説明します。

独自ドメインとは

ホームページには必ずその場所を表すURL（Uniform Resource Locator）が付けられています。URLの中で「http://（またはhttps://）」の後の部分をドメイン名といいます。

レンタルサーバーを借りる場合、標準ではレンタルサーバー事業者が所有しているドメイン名が提供されるため、たとえばロリポップでは「http://○○○.lolipop.jp」といったURLになります。個人のブログならそれでもよいかもしれませんが、お店や会社のホームページなら、店名や社名、仕事にちなんだ名前のほうがお客さまの印象に残りやすいはずです。その場合は自分で名前を決められる「独自ドメイン」を取得することになります。レンタルサーバー代と別に取得費用などがかかりますが、次のようなメリットがあります。

❶ドメイン名の末尾が選べる

ドメイン名の末尾の「.co.jp」「.com」「.ne.jp」などはドメインの種類を表しています。「.co.jp」は企業のドメイン名を表しており、取得費用が数千円高くなり、法人登記簿の写しも必要となります。その分、確実に法人サイトとわかるので、会社やお店のホームページとしての信頼性がいくらかアップします。

とはいえ気にしない人も多いので、必要に応じて選択してください。

❷レンタルサーバーを変更しやすい

レンタルサーバーが提供するドメイン名は、別のレンタルサーバー事業者に乗り換えたら使えなくなってしまいます。ですが、独自ドメインは自分で取得したものなので、レンタルサーバーを変更しても引き続き利用できます。

ドメインは一度決めたら変更は大変です。変更できないわけではありませんが、すでに自分のサイトへリンクを張ってくれていたサイトがあると、変更後はリンクが途切れてしまいます。できればドメインの変更は避けたほうがよいので、最初に独自ドメインを使うかどうか、使うならどのような名前にするかをよく考えて決めましょう。

ドメイン名
http://okashi-saitama.co.jp
ドメインの種類

ドメインを取得する

ドメインの取得方法は大まかに 2 つあります。

- 利用しているレンタルサーバーのドメイン取得サービスを利用する
- その他のドメイン取得サービスを利用する

いずれの場合でも、独自ドメイン名とレンタルサーバーをリンクさせる設定が必要になるので、同じ事業者のものを利用したほうが設定などはかんたんに済みます。今回は、例としてロリポップレンタルサーバーを利用するので、ロリポップの関連会社が提供している、「ムームードメイン」というドメイン名取得サービスを紹介します。ドメイン名は世界中で重複しないものを選ばなければいけないので、取得する前に希望のものが利用可能か調べましょう。ドメイン名が決まったら、取得手続きを開始しましょう。今回は「okashi-saitama.co.jp」を取得することにして進めます。

1 ムームードメインのホームページ（https://muumuu-domain.com/）にアクセスし、「欲しいドメインを入力」の部分に希望する名前を入れます❶。今回はサンプルとしてお菓子と雑貨のお店のサイトを作るので、「okashi.co.jp」と入力し、＜検索する＞をクリックします❷。
使用可能なドメイン名には「カートに追加」が、すでに誰かが取得済みのドメイン名には「取得できません」と表示されます❸。

2 「okashi.co.jp」はすでに取得されていたので、別のドメイン名に変えて試してみましょう。「.co.jp」を利用する場合は法人であることを証明しなければいけないため、この申し込みが完了した後で法人登記簿の写しを郵送する必要があります。取得したいドメイン名の＜カートに追加＞をクリックします❶。

3 選択されているドメインが正しいことを確認して、＜お申し込みへ＞をクリックしてください❶。

❹ はじめてムームードメインを利用する場合は、＜新規登録する＞をクリックします❶。すでにムームードメインのユーザーの場合は、下の欄にユーザー名とパスワードを入力します。

❺ ムームー ID（メールアドレス）とパスワードを決め、入力します❶。
＜利用規約に同意して本人確認へ＞をクリックします❷。

❻ SMS 認証による本人確認を行います。SMS(ショートメッセージ)を選択し❶、電話番号を入力します❷。＜認証コードを送信する＞をクリックします❸。

❼ 入力した電話番号にショートメッセージで認証コードが送られてきます。送られてきた認証コードを入力し❶、＜本人確認をして登録する＞をクリックします❷。

▶▶▶ 2-02 独自ドメインを取得しよう

8 ドメイン設定画面に情報を入力していきます。＜ネームサーバ（DNS）＞はドメイン名を管理するサーバの選択ですが、通常は「ムームーDNS」で問題ありません❶。その他、社内のホームページ担当者の名前や住所などを入力していきます。
「.co.jp」を選んだ場合は登記情報も必要です。今回は「あとで登記情報を入力する」を選びました❷。ドメイン取得から6カ月以内に登録しないとドメインが抹消されるので注意しましょう。すべての入力が完了したら＜次のステップへ＞をクリックします❸。

9 連携サービスの申し込み画面の後に、ユーザー情報の入力画面が表示されます。名前や住所を入力し、内容確認画面に進みます。登録内容に問題がないことを確認し、＜取得する＞をクリックします❶。

Chapter 2 ホームページを作る準備をしよう

35

Chapter 2 Section 03

サーバーをレンタルしよう

続いてレンタルサーバーに申し込みをしましょう。レンタルサーバーを提供している会社は数多くありますが、今回は値段が手頃で、管理画面の操作方法もわかりやすい「ロリポップレンタルサーバー」を例に説明します。

プランを選択して申し込む

たいていのレンタルサーバーでは価格が異なるいくつかのプランがあります。本書の場合、プラン選びで重要なのは、まずWordPressが使えるかどうかです。また、メールアドレスも提供されていることが多いので、その数なども確認しておきましょう。ロリポップの場合、「ライト」プラン以上であればメールアドレスを無制限で取得することができます。その他の違いとしては、サーバーに保存できるデータの容量があります。通常のホームページ運営で100GB以上を使用することはそうそうないので、あまり気にする必要はありません。プランが決まったら、登録手続きを進めていきます。

❶
ロリポップのサイトを表示します。
https://lolipop.jp/
プランをよく検討し、目的のプランの＜10日間無料でお試し＞をクリックします❶。今回はWordPressが利用できてビジネス向けの「スタンダード」を選びます。

❷
ドメイン名とパスワードを決めます。ロリポップではドメイン名がそのままユーザーアカウント(利用権)になるので、独自ドメインを使用する場合でも入力する必要があります❶。他の人と重複していないドメイン名が決まったら、パスワードと、連絡可能なメールアドレスを入力し❷❸、＜規約に同意して本人確認へ＞をクリックします❹。

▶▶▶ 2-03 サーバーをレンタルしよう

❸
SMS認証のために電話番号を入力します❶。電話番号を入力したら＜認証コードを送信する＞をクリックしてください❷。

❹
入力した電話番号に認証コードが送られてくるので入力し❶、＜認証する＞をクリックします❷。

❺
氏名や住所、電話番号などの情報を入力していきます。ロリポップは申込みから10日間はお試し期間となっているため、この段階では支払い情報の入力は不要です。最後に＜お申込み内容確認＞をクリックします❶。

❻
確認画面が表示されるので、間違いがないことを確認したら＜無料お試し開始＞をクリックします❶。

❼
申込みが完了しました。これですぐにレンタルサーバーを使い始めることができます。また、申込みの確認やユーザー専用ページのURLを伝えるロリポップからのメールが届いているので、確認しておきましょう。

Chapter 2
ホームページを作る準備をしよう

37

Chapter 2 Section 04

WordPressを
インストールしよう

サーバーがレンタルできたら、WordPressをインストールしましょう。今回例にあげたロリポップと同様に、多くのレンタルサーバーでは簡単インストール機能が用意されています。

ユーザー専用ページからインストールを実行する

「サーバー上にインストール」と聞くと難しそうなイメージもありますが、WordPressは人気のあるCMS（コンテンツ・マネジメント・システム）なので、多くのレンタルサーバー会社が「WordPress簡単インストール」機能を提供しています。それを使えばインストールはそう難しいことではありません。

重要なのは、ここで決めたWordPress用のユーザー名とパスワードを忘れないようにすることと、WordPressの管理画面のURLを覚えておくことです。

❶ まずロリポップのユーザー専用ページ（https://user.lolipop.jp/）を表示します。このページのURLは申し込み後にロリポップから届いたメールに記載されています。

申し込み時に決めたドメイン名とパスワードを入力して＜ログイン＞をクリックします❶。

❷ ユーザー専用ページが表示されました。ここでは独自ドメインの設定やメールアカウントの新規作成といった設定を行うことができます。WordPressのインストールを行うには、左のサイドバーの＜サイト作成ツール＞をクリックします❶。

▶▶▶ 2-04　WordPressをインストールしよう

❸ ＜サイト作成ツール＞内の＜WordPress簡単インストール＞をクリックします❶。

❹ WordPressのインストールに必要な情報を入力していきます❶。ユーザー名以外のほとんどの情報は、インストール後でもWordPressの管理画面から変更できます。すべて入力したら、＜入力内容確認＞をクリックします❷。
ユーザー名やパスワードに使える文字には制限があり、入力欄の下に表示されているので、それを守るようにしましょう。

設定する項目の詳細

設定項目	説明
サイトURL	サーバーのWordPressをインストールするフォルダの名前を入力する。これがWordPressのURLになる
サイトのタイトル	サイトのタイトルを記入する
ユーザー名・パスワード	ロリポップのログインとは別に、WordPressにも、ログインが必要。ユーザー名とパスワードを考えよう
メールアドレス	管理者用のメールアドレスを登録する
プライバシー	チェックを入れると検索エンジンの対象になる（P.41 Column参照）

Chapter 2　ホームページを作る準備をしよう

❺ 入力した内容が表示されるので、確認します。問題なければ、上書き確認の＜承諾する＞にチェックを入れて❶＜インストール＞をクリックします❷。
この上書き確認は WordPress を複数インストールするときのためのもので、同じフォルダ名にしていると上書きされるので注意してください。

❻ 少し待ってインストールが完了したら、この画面が表示されます。「サイト URL」と「管理者ページ URL」のリンクをクリックして、ページを確認しましょう❶。

❼ ❻の画面で「サイト URL」をクリックすると、Web サイトが表示されます。

8 ❻の画面で「管理者ページURL」をクリックすると、WordPressの管理画面にログインするためのページが表示されます。P.39で設定したユーザー名とパスワードを入力して❶、＜ログイン＞をクリックします❷。このページはブックマークに登録しておくことをおすすめします。

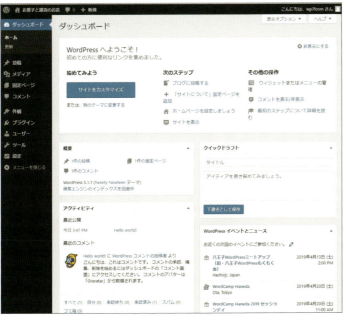

9 ログインすると管理画面が表示されます。これがWordPressでホームページを制作・更新するために使う画面です。使い方はこれから順番説明していきます。

---

column 「検索エンジンによるサイトのインデックス」とは？

P.39 ❹の画面の「プライバシー」欄の「検索エンジンによるサイトのインデックスを許可する」にチェックを入れると、GoogleやYahoo!などの検索エンジンの対象になり、誰かが関連するキーワードで検索したときに、あなたのホームページが表示されるようになります。お店や会社のホームページはお客さまに見てもらうのが前提ですから、通常はチェックを入れるべきです。ただし、ホームページ制作にしばらくかかりそうなら、最初の段階ではチェックを外してもよいでしょう。後から検索されるようにしたい場合は、「表示設定」画面で設定を変更します（P.107 column 参照）。

Chapter 2 Section 05

WordPressの管理画面にログインしよう

WordPressの管理画面は、ホームページの記事の投稿からデザインの設定までひととおりの作業を行う画面です。使用頻度の高い画面なので、全体像をつかんでおきましょう。

WordPressの管理画面とは?

WordPressには2つの顔があります。1つはお客さまなどのホームページを訪れた人に見せる「サイト」、もう1つはサイトの制作者が各種設定やコンテンツの入力を行う「管理画面」です。サイトは誰でも見られますが、管理画面はユーザー名とパスワードを知っている人しか見ることができません。

インストール時に決めた「管理者ページURL」にアクセスしてログイン画面を表示し、ユーザー名とパスワードを入力してログインしましょう。

管理画面の構成

サイトと管理画面を切り換える

管理画面からサイトに切り換えるには、管理バーのサイトタイトルが表示されている部分をクリックします。
なお、サイトに切り換えても、管理バーにユーザー名が表示されていますが、これはログインしているユーザーの画面にしか表示されません。
再度管理バーのサイトタイトルをクリックすると、管理画面に戻ることができます。

左のサイトタイトルをクリックすると、管理画面とサイトが切り換わる。

ログアウトする・パスワードを変更する

自分がパソコンから離れている間に管理画面を表示させたくない場合は、管理バーのユーザー名にマウスポインタを合わせて、表示されるメニューの＜ログアウト＞をクリックします。

なお、＜プロフィールを編集＞をクリックすると、ニックネームなどの自分に関する情報を設定するページが表示されます。パスワードの変更もここから行うことができます。

右上のユーザー名にマウスポインタを合わせると、ログアウトやプロフィール編集が行えるメニューが表示される。

管理画面の主なページ

管理画面は、左側のサイドバー（ナビゲーションメニュー）から、記事の投稿や設定、プラグインのインストールなどを行うページに切り換えることができます。それぞれの使い方は順々に説明しますが、まずはどのようなものがあるのか全体像を知っておきましょう。

なお、テーマやプラグイン（拡張機能）をインストールすると、メニューに項目が追加されることがあります。今自分が使っているメニューと、書籍や他のWordPressサイトのメニューが違っていても、心配はいりません。

ダッシュボード
最初に表示される画面です。投稿数や更新状況といった全体の情報が表示されます。サブページの「更新」でWordPress本体やプラグインを最新版にアップデートできます。

投稿
WordPressではブログの記事に当たるものを「投稿」と呼びます。投稿済みの記事を確認・変更する「投稿一覧」、新しい記事を書く「新規追加」、記事を分類する「カテゴリー」「タグ」などのサブページがあります。

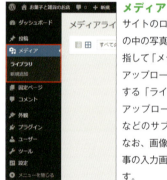

メディア
サイトのロゴやイラスト、記事の中の写真といった画像全般を指して「メディア」と呼びます。アップロード済みの画像を管理する「ライブラリ」や、新しくアップロードする「新規追加」などのサブページがあります。なお、画像のアップロードは記事の入力画面などからも行えます。

固定ページ
常に最新の記事が追加され、内容が動的に書き換わる「投稿」に対し、常に同じ内容を表示するために作るものを「固定ページ」と呼びます。会社のホームページの場合は、会社概要やアクセスなどが該当するでしょう。

コメント
投稿記事に付けられた「コメント」を管理します。

▶▶▶ 2-05 WordPressの管理画面にログインしよう

外観
「外観」とはサイトのデザインのことです。このページでは、テーマのインストールやカスタマイズの他、メニューやヘッダー、背景などを設定できます。

プラグイン
WordPressの機能を拡張するプラグインを管理します。

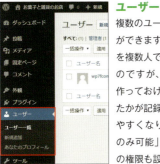

ユーザー
複数のユーザーを登録することができます。1つのユーザー名を複数人で使いまわしてもよいのですが、個別にユーザーを作っておけば誰が記事を投稿したかが記録されるので、管理しやすくなります。また、「投稿のみ可能」「削除も可能」などの権限も設定できます。

ツール
他のCMSなどと記事をやりとりするための「インポート」「エクスポート」などのツールを利用できます。

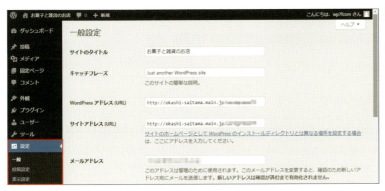

設定
「設定」には初期状態で7つの設定項目があります。プラグインのインストールによって項目が増えることがあります。

一般	サイトのタイトルやキャッチフレーズなどを設定する。サイトのURLもここで変更できる（P.48参照）
投稿設定	カテゴリーの初期設定、メールでの投稿のログイン名、パスワードなど「投稿」に関連する設定ができる
表示設定	フロントページ（トップページ）に表示する内容や、検索エンジンに見つけられるようにするかなどを設定できる（P.107参照）
ディスカッション	コメント関連の設定を行う（P.227参照）
メディア	画像をメディアライブラリ（画像の保管場所）にアップロードした際に、自動で生成される画像のサイズなどを設定できる（P.91参照）
パーマリンク設定	パーマリンクとは個々の記事に付けられるURLのことで、その形式を選択できる（P.46参照）
プライバシー	プライバシーポリシーページの内容を編集、またプレビューで確認することができる

Chapter 2 ホームページを作る準備をしよう

45

Chapter 2 Section 06

まずは URL に関する設定を行おう

記事を書いてから URL に関する設定を変更すると、リンク切れなどが発生することがあります。記事の URL やサイト URL などの設定は早めに済ませておきましょう。

パーマリンクを設定する

「パーマリンク」とは、WordPress で作成した記事の URL のことです。記事を投稿すると、記事タイトルや日付、通し番号などをもとにして自動的に URL が決められます。最初の記事を投稿する前に管理画面の「パーマリンク設定」で形式を選んでおきましょう。

いくつか形式がありますが、おすすめは「日付と投稿名」です。これなら URL を見ただけで、いつ、何について書いた記事なのかを推測できます。

ただし、投稿名は記事のタイトルをもとにして決まるので、タイトルが日本語の場合、URL にも日本語が含まれ、使いにくくなってしまいます。記事作成時にパーマリンクを変更できるので、毎回英語のものに変更するようにしましょう（P.84 参照）。

❶ 管理画面のメニューで＜設定＞→＜パーマリンク設定＞をクリックします❶。
＜日付と投稿名＞を選択し❷、＜変更を保存＞をクリックします❸。

サイト URL を独自ドメインに変更する

インストールした後の状態では、WordPress のサイト URL は「http:// ドメイン名 / インストールフォルダ名 /」形式になっています。できれば「http:// ドメイン名 /」の形にしたほうが、アクセスするときも便利ですね。別に取得しておいた独自ドメインを利用して、インストールフォルダ名を含まないシンプルな URL に変更しましょう。設定方法はレンタルサーバー業者によって異なるので、ロリポップ以外を利用している場合は、業者のマニュアルページなどで設定方法を確認してください。

また、ロリポップに限った話ではないのですが、独自ドメインの設定を行ってから、それがインターネットに伝播されて利用可能になるまでには少し時間がかかります。時間に余裕のあるときに行うことをおすすめします。

1
ロリポップのユーザー専用ページ (P.38 参照) にログインしてください。サイドメニューの＜サーバーの管理・設定＞を選択し、＜独自ドメイン設定＞をクリックします❶。

2
ムームードメインで取得しておいた独自ドメイン❶と、WordPress をインストールしたフォルダ名を入力し❷、＜独自ドメインをチェックする＞をクリックします❸。

3
ムームードメインのユーザー名とパスワードを求められるので❶、入力して＜ネームサーバー認証＞をクリックします❷。

❹
独自ドメイン名やフォルダ名に誤りがないことを確認し、＜設定＞をクリックします❶。設定が反映されて利用可能になるまで 1 時間程度かかるので、少し待ちます。

❺
WordPress の管理画面を表示し、＜設定＞→＜一般＞をクリックします❶。「WordPress アドレス (URL)」と「サイトアドレス (URL)」の両方に独自ドメインを入力し❷、＜変更を保存＞をクリックします❸。
ここで入力を間違えると WordPress が使えなくなることもあるので、よく注意してください。

変更した URL を確認する

1 管理画面から自動的にログアウトするので、ログインし直します。

2 問題なくログインできれば設定完了です。URL が独自ドメインになっていることを確認します❶。

3 P.43 の方法でサイトを表示し、URL を確認します❶。

> **column　管理画面はブラウザにブックマークしておこう**
>
> 独自ドメインの設定が完了してホームページの URL が確定したら、ブラウザのブックマーク（お気に入り）に登録しておきましょう。

Chapter 2 Section 07

記事を書くユーザーの名前を設定しよう

WordPressで記事を投稿するとそのユーザーの名前が表示されます。インストール時に設定したユーザー名では味気ないので、親しみのある名前に変更しましょう。

ユーザー名の代わりにニックネーム（表示名）を付ける

投稿した記事の横にはユーザー（WordPressの利用者）の名前が表示されますが、初期状態ではインストールのときに決めた英数字のユーザー名が表示されています。これではホームページを見てくれた人には意味がわからないので、名前を変更しましょう。とはいえユーザー名は後から変更できないので、代わりに、ニックネーム（表示名）を設定します。

❶ 管理画面のメニューで＜ユーザー＞→＜ユーザー一覧＞をクリックします❶。ユーザーの一覧が表示されるので、設定を変更したいユーザー名をクリックします❷。

❷ 「プロフィール」画面が表示されます。ここではニックネームの他に、そのユーザー名でログインしたときの管理画面のデザインなども変更できます。今回は特に変更せず、下にスクロールしてください。

▶▶▶ 2-07 記事を書くユーザーの名前を設定しよう

3
＜ニックネーム（必須）＞を変更し❶、＜ブログ上の表示名＞からニックネームを選択します❷。

4
＜プロフィールを更新＞をクリックすると❶、設定が反映され、今後は表示名の代わりにニックネームが表示されるようになります。

column 複数のユーザーを追加する

ホームページを編集する人が複数いる場合は、同じユーザー名を使い回す代わりに、それぞれにユーザー名を作ることもできます。名前があれば記事を投稿した人のキャラクター性も伝わりやすくなりますし、誰がどこを変更したのかがわかりやすくなるという管理上のメリットもあります。

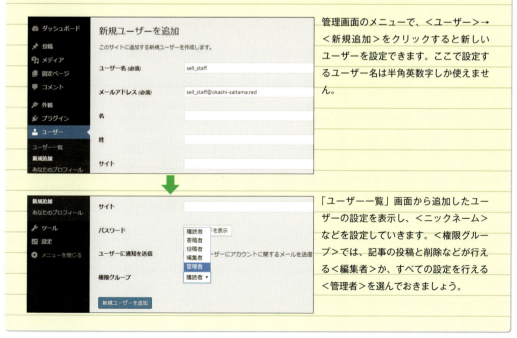

管理画面のメニューで、＜ユーザー＞→＜新規追加＞をクリックすると新しいユーザーを設定できます。ここで設定するユーザー名は半角英数字しか使えません。

「ユーザー一覧」画面から追加したユーザーの設定を表示し、＜ニックネーム＞などを設定していきます。＜権限グループ＞では、記事の投稿と削除などが行える＜編集者＞か、すべての設定を行える＜管理者＞を選んでおきましょう。

51

column   ドメインの種類

ドメインにはいくつか種類があります。以下が一般的によく利用されるドメインです。

.com：企業や商用サービス向け
.net：「network」の略で、主にインターネットサービスプロバイダ（ISP）や、ネット関連の事業や団体向け
.co.jp：jp は「japan」の略で日本の企業向け
.ne.jp：日本のネット関連の事業や団体向け

厳密にこの定義に従わなければいけないわけではないので、一般の個人サイトにも「.com」ドメインは使用できます。ただし、「.jp」（日本国内の法人や個人）や「.eu」（EU 加盟国内の法人や個人）など、制約事項があるドメインもあります。一般的な利用料金は、「.com」や「.net」のほうが、日本限定である「.jp」や「.co.jp」よりも安く利用することができます。

また、これらのドメインとは別に無料ドメインというものがあります。先に挙げたドメインは独自ドメインと呼ばれ、自分だけが利用することができ、そのドメインに紐付くコンテンツは自分のサイトのもののみとなります。しかし、無料ドメインの場合は 1 つのドメインを複数人で使用することになります。例をあげると「アメブロ」などのブログサービスの場合、「https://ameblo.jp」というドメインをブログサービスを利用しているユーザー全員で利用することになります。またサイトの管理もドメインを管理している会社管理となるので、ある日突然自分のサイトがなくなるということもありえます。その点、独自ドメインであればこのようなリスクはありません。

Chapter 3

テーマを設定して外観を整えよう

テーマは、ホームページの「見た目のデザイン」を決めるファイルのことです。本書では会社や店舗で使いやすい専用テーマを用意しているので、それをインストールすればすぐに実用的なホームページを作成できます。

Chapter 3 Section 01

WordPress の
テーマとは

テーマをインストールすると、ホームページのデザインだけでなく、内容として何を表示するかも設定することができます。まずはテーマとは何か、ということを説明します。

＞ テーマでホームページのデザインが変わる

テーマとは、WordPressで作成したホームページの「見た目のデザイン」のことです。テーマを変更することで、かんたんにデザインを着せ替えることができます。また、見た目にとどまらず、ホームページに表示する内容も、テーマによって変えることができます。一般的なブログサービスでいうと、「テンプレート」と呼ばれるものにあたります。

WordPressには最初からいくつかのデフォルトテーマが入っています。このデフォルトテーマは年ごとにデザインや機能を変えてリリースされており、リリースされた年にちなんで、「Twenty Seventeen」「Twenty Nineteen」といった名前が付けられています。

デフォルトテーマ

WordPressの5.2の初期状態では「Twenty Nineteen」など3つのテーマが入っている。

テーマを入手するには？

WordPressにはデフォルトテーマ以外にも無料で公開されているテーマがたくさんあり、WordPressの公式サイト（https://wordpress.org/themes/）か、WordPressのテーマ設定画面で確認することができます。公式サイトに登録されているテーマ（以下、公式テーマ）はすべて無料で、ユーザーはテーマの種類やスタイルなどで検索し、テーマのプレビューを見ながら自由に好みのテーマを選ぶことができます（2019年4月現在、7000以上の公式テーマが登録されています）。

公式テーマ以外にも、テーマ配布サイトなどでダウンロードした無料・有料のテーマなども使うことができます。ただし、それらのテーマはセキュリティ面に問題がある場合や、特に海外のテーマは日本語対応していないことも多いので、利用する上では細心の注意が必要です。その点、公式テーマは、ガイドラインに基づき作成され、世界中のレビュアーが検証を行った、審査を通った安心安全なテーマです。WordPressを使い始めたばかりの人や初心者の人は、まずは公式テーマを使うことをおすすめします。

とはいえ、公式テーマであっても、作りたいホームページに100%合ったものがなかなか見つからないかもしれません。テーマそのものを改造または自作することもできるのですが、それにはPHPやCSSなどのプログラミングやWeb制作の知識が必要なので、かなりハードルが高くなります。

そこで、本書では「小さな会社やお店で使える」というコンセプトに沿った「Saitama」テーマを用意しました。以降はそのテーマを使ってホームページを作成していきましょう。

「テーマを追加」画面

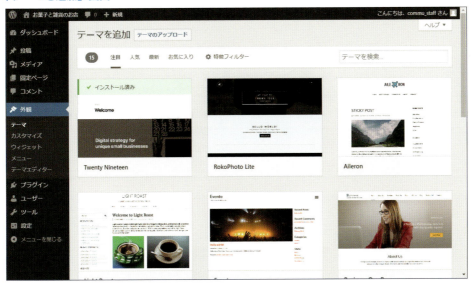

テーマ設定画面から公式テーマを選んでインストールできる。

Chapter 3 Section 02

Saitama テーマの特徴

本書の Saitama テーマは小さなお店に必要な要素や機能をまとめたテーマです。ここではこのテーマのデザイン・機能上の特徴や、連携して機能する Saitama Addon Pack プラグインを紹介します。

デザイン上の特徴

Saitama テーマのトップページには、もはや企業サイトの定番といえるスライドショー（P.70参照）はもちろん、特に目立たせたい情報を載せるトピックエリアや、新しい記事を画像付きで表示する新着情報をコンパクトに配置しています。全体的なデザインとしては、コンテンツを引き立て清潔感を与える白を背景に使用し、ボタンなどに変更可能なアクセントカラーを配置しました。

トップページ

機能上の特徴

機能面では、スライドショーやトピックエリアの他に、4つのエリアを持つフッターがあります。各エリアの内容はWordPressのウィジェット機能を利用して入れ替えできるので、必要に応じて柔軟なカスタマイズが可能です。

また、TwitterやFacebookなどのSNSを利用したプロモーションももはや欠かせないものとなっていますが、それらにはプラグインであるSaitama Addon Pack（P.59参照）との連携で標準対応しています。アクセス解析を行うGoogleアナリティクスや、検索エンジンで見つけてもらいやすくするSEOの設定も可能です。その他に、パソコンだけでなく、スマートフォンやタブレットでも見やすく表示するレスポンシブWebデザインにも対応しています。

スライドショー

4つのエリアを持つフッター

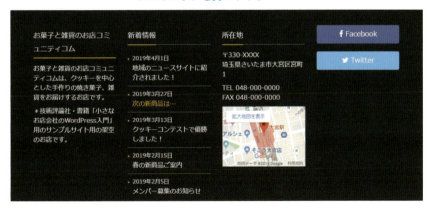

SEOやアクセス解析

SNS対応

カスタマイザーで設定結果を見ながらカスタマイズ

カスタマイザー（P.62参照）はWordPressが持つカスタマイズ機能の1つで、変更結果をその場で確認しながら設定を変更できる便利な機能です。

現在の公式テーマはWordPressのカスタマイザーに対応することが義務付けられており、Saitamaテーマももちろん対応しています。

トップ画像、ロゴ、サイドバー、フッター、メニューなど大半のデザインはここで設定可能です。

カスタマイザー

スマートフォン、タブレットでの表示もその場で確認

左下のアイコンをクリックすると、モバイルデバイスでの見え方をチェックできる。

Saitama Addon Pack

Saitama Addon Pack は Saitama テーマと連携するために作られたプラグインです。テーマが直接扱わない機能が集められています。たとえば、トピックエリアに表示する情報や、フッターに表示する住所情報は、このプラグインの設定画面で入力し、WordPress のウィジェット機能を利用して任意の場所に表示します。ファビコン、SEO、SNS などの設定も担当しています。

column ウィジェットとは？

ウィジェットはサイドバーやフッターなどに配置できるミニパーツです。カスタマイザーの他に＜外観＞→＜ウィジェット＞を選択して表示する「ウィジェット設定」画面でも設定できます。本書の第 7 章では、全体を見通しやすいウィジェット設定画面を主に利用していますが、カスタマイザーを利用してももちろん構いません。

カスタマイザーのウィジェット設定　　　　　ウィジェット設定

Chapter 3　Section 03

テーマを
インストールしよう

テーマが何かを理解できたところで、「Saitama」テーマをインストールしてみましょう。公式テーマとして承認されているので、「テーマを追加」画面から検索してインストールが可能です。

公式テーマをインストールする

1
WordPressの管理画面にログインして＜外観＞→＜テーマ＞をクリックします❶。＜新規追加＞をクリックします❷。

2
「Saitama」で検索すると❶、公式テーマとして承認されたSaitamaテーマが表示されます。
Saitamaテーマにマウスカーソルを合わせ❷、＜インストール＞をクリックします❸。

3
インストールが完了したら、＜ライブプレビュー＞をクリックして状態を確認しましょう❶。
なお、確認せずにすぐに適用したい場合は、＜有効化＞をクリックします。

4

ライブプレビュー（カスタマイズ画面）が表示されます。問題がなければ＜有効化して公開＞をクリックします❶。

5

公開済みに切り替わったら、＜×＞をクリックしてダッシュボード画面に戻りましょう❶。

6

P.43の方法でサイトを表示すると、Saitamaテーマが反映された状態になります。上の黒いバーはWordPressにログインしている間だけ表示されるものなので、ホームページを訪れた一般ユーザーには表示されません。左上のサイト名をクリックして管理画面に戻ります❶。

7

＜外観＞→＜テーマ＞をクリックすると❶、Saitamaテーマがインストールされていることが確認できます❷。

Chapter 3 Section 04

トップの画像を設定しよう

テーマを設定したら、少しずつカスタマイズしてみましょう。まずは一番目立つところにあるトップの画像（ヘッダー画像）を変更してみます。

ヘッダー画像とは

ホームページでは、ページの上部に表示されるものを「ヘッダー」、下部に表示されるものを「フッター」と呼びます。「ヘッダー画像」は名前のとおりヘッダー内に大きく表示される画像のことで、ホームページのイメージに大きく影響するパーツです。お店や会社のホームページで使うなら、「何を売っているお店なのか」「どんな会社な

のか」が見ただけでわかるような画像を使うとよいですね。

ヘッダー画像の設定はテーマのカスタマイズ画面を利用しますが、画像のアップロードに使うのは「メディアライブラリ」と呼ばれるWordPressの機能です。記事に画像を挿入する際にも使うので、ここで基本的な使い方を覚えておきましょう。

ヘッダー画像のアップロード

❶
管理画面で＜外観＞→＜カスタマイズ＞をクリックします❶。

❷
カスタマイザーの画面が表示されます。＜ヘッダー画像＞をクリックします❶。

62

▶▶▶ 3-04 トップの画像を設定しよう

❸
「現在のヘッダー」に現状の画像が表示されているので、この画像を変更します。＜新規画像を追加＞をクリックします❶。

❹
ファイルをアップロードする画面が表示されました。中央の＜ファイルを選択＞をクリックします❶。この画面内にファイルをドラッグ＆ドロップして追加することも可能です。

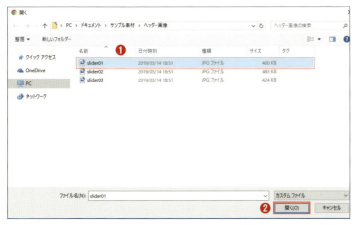

❺
「画像の選択」画面が表示されるので、表示したい画像を選択します。今回は素材ファイルとして用意しておいた「ヘッダー画像」フォルダ内のファイルを1つ選んで❶、＜開く＞をクリックします❷。

Chapter 3 テーマを設定して外観を整えよう

63

❻ メディアライブラリ画面に切り替わり、ファイルのアップロードが実行されます。画像のサイズによっては時間がかかることもあります。完了すると画像のサムネイル（縮小イメージ）が表示されます。
チェックが付いた状態になっていることを確認して❶、＜選択して切り抜く＞をクリックします❷。

❼ 画像の切り抜き画面が表示されます。ここでは画像の周囲に表示されているハンドルをドラッグして、ちょうどよいサイズになるよう切り抜くことができます。ただし今回は切り抜く必要がないので、＜切り抜かない＞をクリックします❶。

❽ これでヘッダー画像が変更されました。画面右側に変更したヘッダー画像がプレビュー表示されています。この画像で問題がなければ、＜公開＞をクリックします❶。ヘッダー画像の変更がサイトに反映されます。
設定が完了したら＜×＞をクリックします❷。

▶▶▶ 3-04 トップの画像を設定しよう

❾ 管理画面に戻ります。上部のサイト名をクリックして❶、サイトに切り替えます。

❿ サイトを表示してみると、ヘッダー画像が変更されていることが確認できます❶。

---

column　画像をトリミングしてから貼り付ける

手順❼の画像の切り抜き画面では、ヘッダーとして使いやすいサイズに切り抜くための枠とハンドル（小さなボックス）が表示されています。枠の4隅と4辺上に表示されているハンドルのいずれかをドラッグしてサイズを調整します。

8箇所のハンドルをドラッグしてサイズを調整。

Chapter 3 Section 05

サイトロゴとキャッチフレーズを設定しよう

続いてヘッダー画像の上に表示されるサイトロゴとキャッチフレーズを設定しましょう。サイトロゴもカスタマイザー画面で設定できます。

サイトタイトルとキャッチフレーズを設定する

サイトタイトルとキャッチフレーズは、名前のとおりホームページのタイトルと副題にあたるもので、いろいろなページに共通で表示されます。インストール時には仮の名前で付けていたので、ここで正式なものに変更しましょう。なお、Saitamaテーマのサイトロゴとサイトタイトルは同じ場所に表示されるため、ロゴを設定するとサイトタイトルは見えなくなります。

❶ 管理画面で＜外観＞→＜カスタマイズ＞をクリックします❶。

❷ テーマの設定を変更するためのカスタマイザーが表示されます。カスタマイザーは、結果のプレビューを見ながら設定を変更できる便利な設定画面です。＜サイト基本情報＞をクリックします❶。

❸ サイトタイトルとキャッチフレーズを入力し❶、＜公開＞をクリックします❷。

サイトロゴを設定する

サイトロゴはサイトタイトルの代わりに表示する小さな画像です。サイトロゴ画像の推奨値は、高さ50ピクセル以上（50～100ピクセル程度）で、横は自動で適切なサイズになります。高さが50ピクセル以下の場合は、実サイズになります。

サイトロゴもテーマのカスタマイザーで設定します。このあたりの設定操作は、使用しているテーマによって異なることがあります。

❶ 上の手順の続きです。カスタマイザーで＜デザイン設定＞をクリックします❶。

❷
デザイン設定画面が表示されるので、
＜画像を選択＞をクリックします❶。

❸
メディアライブラリが表示されるので、＜ファイルをアップロード＞をクリックし❶、＜ファイルを選択＞をクリックします❷。

❹
サイトロゴ用の画像を選択し❶、＜開く＞をクリックします❷。

❺
メディアライブラリに切り替わり、画像がアップロードされます。サイトロゴ用の画像を選択し❶、＜画像を選択＞をクリックします❷。

▶▶▶ 3-05 サイトロゴとキャッチフレーズを設定しよう

❻ サイトロゴが設定されました❶。＜公開＞をクリックして反映します❷。

テーマカラーを設定する

テーマの色はカスタマイザーの＜デザイン設定＞から変更できます。ただし、どの部分の色が変更できるかはテーマによって異なります。Saitamaテーマの場合、キーカラーとキーカラー(暗)の2色を設定できますが、背景は白から変更できません。

❶ カスタマイザーの＜デザイン設定＞画面を開きましょう。キーカラーの＜色を選択＞をクリックします❶。カラーピッカーをクリックして、カラーを設定することができます。今回はカラーコードで色を指定します。「#e0a80b」とカラーコードを入力してください❷。

❷ 同様にキーカラー(暗)の＜色を選択＞をクリックします❶。こちらは「#997309」とカラーコードを入力してください❷。＜公開＞をクリックして反映します❸。

Chapter 3 テーマを設定して外観を整えよう

69

Chapter 3 Section 06

トップ画像をスライドショー形式にしよう

訪問者に見てもらいたいページや情報をもっとアピールしたい場合は、複数の画像を切り換えて表示する「スライドショー」がおすすめです。Saitama テーマの機能を利用してスライドショーを設定してみましょう。

▶ スライドショーでトップページのアピール力を高める

トップ画像を他の画像に切り換える機能を「スライドショー」や「カルーセル（回転木馬の意味）」と呼び、多くのホームページで使われています。Saitama テーマでもスライドショーを利用することができます。単に画像を表示するだけでなく、キャプションを重ねて表示したり、リンクを設定してその画像に関係するページへジャンプさせたりすることもできます。
スライドショーに表示できる画像は最大 5 つまでです。ただし画像が多いと、通信回線が遅い場合など、閲覧者の環境によっては表示に時間がかかってしまうことがあります。イライラしたユーザーがホームページを見るのを止めてしまう恐れもあるので、なるべく軽めの画像にして、3 枚程度に納めておくことをおすすめします。
なお、スライドショーを設定すると、64 ページで設定したヘッダー画像は表示されなくなります。併用はできないので注意してください。

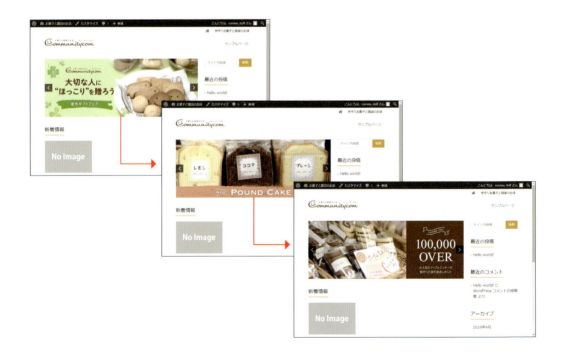

スライドショーを設定する

❶
<外観>→<カスタマイズ>をクリックして❶、カスタマイザーを表示します。

❷
<スライドショー>をクリックします❶。

❸
スライドショー設定の画面が表示されました。スライド画像1～スライド画像5までの項目があるので、それぞれの画像ファイルやキャプションなどを指定していきます。まずはスライド画像1の<画像を選択>をクリックします❶。

❹ メディアライブラリが表示されるので、先ほどヘッダー画像に使ったものと同じ画像を選択し❶、＜画像を選択＞をクリックします❷。

❺ 画像がプレビューで表示されます。合わせて＜代替テキスト＞❶を入力しましょう。代替テキストは、何かの理由で画像が表されないときに代わりに表示する文章です。
今回は入力しませんが、リンクURLを設定するとスライドショーの画像をクリックして任意のページにジャンプできるようになります。またキャプションは画像の上に被せて表示する説明文です。

❻ 画面をスクロールして2つめの画像を指定します。スライド画像2の＜画像を選択＞をクリックします❶。

72

▶▶▶ 3-06　トップ画像をスライドショー形式にしよう

❼ メディアライブラリが表示されますが、2つめの画像はまだありません。アップロードするために＜ファイルをアップロード＞をクリックしましょう❶。＜ファイルを選択＞をクリックします❷。

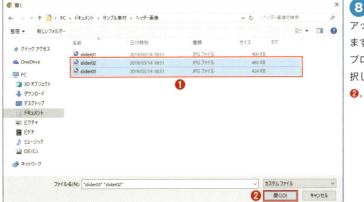

❽ アップロードしたいファイルを選択します❶。複数ファイルをまとめてアップロードしたい場合は、ここで複数選択して＜開く＞をクリックしましょう❷。

❾ 複数ファイルなのでアップロードに時間がかかることがあります。完了するまで待ちましょう。
完了したら2枚目の画像を選択し❶、＜画像を選択＞をクリックします❷。

Chapter 3　テーマを設定して外観を整えよう

❿ 画像が設定されました。手順❹と同じように＜代替テキスト＞を入力します❶。

⓫ 同じようにスライド画像3にも、画像、代替テキストを設定しましょう❶。設定が終わったら＜公開＞をクリックします❷。

⓬ サイトを表示して、スライドショーの設定が反映されていることを確認します❶。

Chapter **4**

文章と写真を投稿しよう

いよいよホームページのコンテンツとなる文章や写真を投稿していきましょう。ニュースや商品紹介のように、新しい情報を後からどんどん追加していくページは、「投稿」機能を使って作成します。

Chapter 4 Section 01

「投稿」と「固定ページ」の違いを理解しよう

WordPress で記事を作成する機能には、「投稿」と「固定ページ」の 2 種類があり、第 4 章では「投稿」を使ってホームページに記事を追加します。ここでは 2 つの機能の違いと特徴を理解しましょう。

更新頻度が高い情報は「投稿」で作成する

Web サイト内のページには「頻繁に更新されるページ」と「あまり変更のないページ」があります。「頻繁に更新されるページ」は、トップページに表示されるような、

- 最新ニュース
- 新商品の紹介
- キャンペーン情報

など、日々更新される情報を含むものです。
逆に「あまり変更のないページ」は

- 会社概要
- お店や会社の定番商品／サービス
- お店のアクセス情報
- お問い合わせのページ

など、会社やお店が引っ越しでもしない限り変わらない情報があります。

この 2 つの種類の内容を WordPress では、「投稿」と「固定ページ」の 2 種類で使い分けます。「頻繁に更新されるページ」は「投稿」で、「あまり変更のないページ」は、「固定ページ」で作成します。とはいえ、作成方法はほとんど同じです。違いは表示のされ方です。「投稿」は記事単体で 1 ページとして表示されるだけでなく、内容の一部を抜粋して更新情報としてまとめて表示したり、カテゴリ別に分類して表示したりするなど、柔軟に表示を変更できます。

「固定ページ」は名前のとおり単体のページとして表示されます。自分で更新しない限り自動的に内容が変わることはありません。詳しくは、第 5 章から解説します。

「投稿」に向いている内容

ブログの記事のように、更新され、新しい記事が増えていくもの。
会社やお店の Web サイトの場合は、ニュース、新商品の紹介、あるいは、社長ブログ、店長ブログなどを「投稿」で記事を作成するとよいでしょう。

「固定ページ」に向いている内容

基本的にそれほど更新されないページ。
固定ページとして投稿した内容は、原則的に 1 つのページとなります。
会社やお店の Web サイトの場合は、会社概要、沿革、サービス、アクセス、お問い合わせなどを、固定ページで作成するとよいでしょう。

投稿するだけで自動的に複数のページが更新される

この章では「投稿」を利用した記事の書き方を説明していきます。すでに説明したように「投稿」はいろいろな形で表示されます。本書のサンプルテーマを使用した場合、次のように表示されます。

- 単体ページとして表示
- トップページの新着情報に表示
- カテゴリ別にまとめて一覧表示
- 月ごとにタイムライン形式で表示

カテゴリ別や月別に投稿記事をまとめたページのことを「アーカイブページ」と呼びますが、これらはすでにサンプルテーマに含まれているので、個別に作る必要はありません。一度投稿すれば、WordPress が投稿日やカテゴリを参照して、自動的にトップページやカテゴリページなどに記事の一部を載せてくれます。

投稿の単体ページ

トップページの新着情報

「新商品入荷情報」カテゴリーの
アーカイブページ

月ごとのアーカイブページ

Chapter 4 Section 02

ブロックエディターの画面を確認しよう

WordPressでは、「エディター」と呼ばれる入力・編集エリアに、文章や画像などを挿入してコンテンツを作成していきます。ここではブロックエディターについて説明します。

ブロックとは

記事は、いくつかの「ブロック」を組み合わせて作ります。ブロックにはさまざまな要素があり、ブロックのタイプによって表現できる内容が変わります。よく使うブロックとしては「段落」「リスト」「見出し」「画像」などがあります。ブロックごとに装飾・移動・削除などができるので、記事のレイアウトの変更も容易にできます。

主なブロックのタイプ

段落	テキストを入力する（P.83 参照）
リスト	箇条書きにしたいテキストの行先頭に点や番号をつける（P.95 参照）
見出し	見出しを挿入する（P.96 参照）
画像	画像を挿入する（P.86 参照）
ギャラリー	複数の画像を並べて表示する（P.111 参照）
カバー	テキストの背景に画像や動画を配置する（P.116 参照）
テーブル	表を作成する（P.135 参照）
メディアと文章	画像とテキストを並べて表示する（P.98 参照）
ボタン	ボタンリンクを挿入する（P.126 参照）
改ページ	ページを複数にわける（P.128 参照）
スペーサー	ブロック間に空白を挿入する（P.125 参照）
Twitter	Twitterのツイートを埋め込む（P.234 参照）
YouTube	YouTubeの動画を埋め込む（P.234 参照）
Facebook	Facebookの投稿を埋め込む（P.234 参照）

ブロック単位で移動・削除する

一般的なワープロソフトやテキストエディターでテキストを移動したい場合はカット＆ペーストをしますが、WordPressの場合は違います。移動したいブロックを選択し、ブロックのツールバーなどの機能から編集します。

ブロックの移動

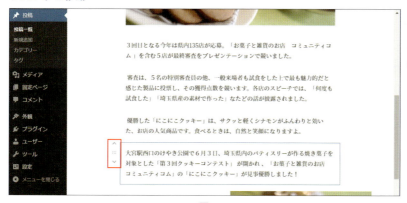

ブロックにマウスポインタを合わせると表示されるボタンで、ブロックの場所を入れ替える。

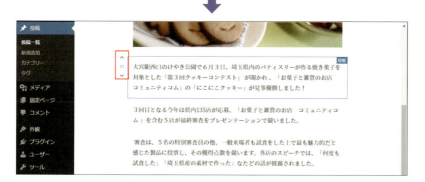

ブロックの削除

削除したいときは、[︙]（詳細）設定をクリックして、＜ブロックを削除＞を選択する。

ブロックエディターとは

2018年12月にリリースされた WordPress 5.0 から、「ブロックエディター」と呼ばれる新しいエディターが導入されました。「ブロックエディター」は、誰もが豊かな表現体験をできるよう目指した、WordPress の「Gutenberg」プロジェクトで採用された新しいエディターです。プラグインとしても提供されています。プロジェクト名から「Gutenberg エディター」と呼ばれることもありますが、本書ではブロックエディターという表記で統一します。

ブロックエディターは、大きく分けて4つのエリアに分かれています。画面の左側にツールバーと入力・編集スペース、右側には記事の保存などを行う制御ボタンエリアと各種の設定を行うパネルエリアがあります。

| 入力・編集スペース | タイトルや文章、画像などコンテンツを入力・編集するスペースです。ブロックエディターでは、「ブロック」という機能を使ってページを構成していきます。ブロックは「タイトル」「段落」「画像」「ボタン」などページを構成しているパーツ1つ1つのことで、これらを組み合わせてページを作りあげていきます。 |

4-02 ブロックエディターの画面を確認しよう

ツールバー　ページを管理するためのボタンが配置されています。

⊕	ブロックを追加する
↶	1つ前の操作を取り消す
↷	取り消しした操作を元に戻す
ⓘ	ページ内にある語数、見出しの数、段落数、ブロック数が表示される。見出しの使用順序が誤っている場合など、文書の構造が正しくない場合はメッセージが表示される
☰	ページで使われているブロックが上から順番に表示される

制御ボタンエリア　記事の制御を行うボタンが配置されています。記事が未公開、公開中の状態により切り替わります。

下書きとして保存	未公開状態の編集中記事を保存する
下書きへ切り替え	公開中の記事を未公開状態に切り替える
プレビュー	記事のプレビューを新しいタブで確認する
公開する	記事が公開される。公開後は＜更新＞ボタンに切り替わる
更新	公開されている記事を更新する
⚙	パネルエリアの表示・非表示を切り替える
⋮	ツールのモードや、エディターの表示切り替え設定が表示される

パネルエリア

ページやブロックに関する情報を表示するエリアです。特定のブロックを選択している場合は「ブロック」パネルが、選択していない場合は「文書」パネルが表示されますが、これらは自動的に切り替わります。
パネル名のタブをクリックして切り替えることもできます。

「文書」パネル	文書全般の設定を行う
「ブロック」パネル	選択しているブロックに関する設定を行う

Chapter 4 Section 03

「投稿」を書いてみよう

「投稿」と「固定ページ」の違いを理解したら、さっそく記事を投稿してみましょう。基本的にはタイトルと文章を入力するだけなので、そう難しくはありません。

「投稿一覧」でサンプルの投稿を削除する

初期状態はサンプルの記事が投稿されているので、最初にそれを削除しましょう。「投稿一覧」の画面で記事の一覧を表示し、サンプル記事を「ゴミ箱」へ移動します。

1
＜投稿＞をクリックすると❶、投稿一覧画面が表示されます。すでに「Hello World！」という記事が投稿されています❷。

2
削除したい記事にマウスポインターを合わせると、操作の一覧が表示されます。そのまま＜ゴミ箱へ移動＞をクリックします❶。

3
記事がゴミ箱に移動し、投稿一覧から消えました。一覧の上の＜ゴミ箱＞をクリックすると❶、ゴミ箱の中に移動した記事を確認できます。移動した記事はゴミ箱を空にするまで残っています。

新規投稿を作成する

続いて新規投稿を作成します。初期状態では「タイトル」と、本文を入力するための「段落ブロック」が挿入されています。「タイトル」は削除できません。必要に応じて、表示に合わせたブロックを追加していくことになります。

❶ ＜投稿＞→＜新規追加＞をクリックすると❶、ブロックエディターが表示されます。ここに記事を書き込んでいきます。

❷ タイトルの入力欄をクリックし、記事のタイトルを入力します❶。続いて「段落ブロック」をクリックし、記事の本文を入力します❷。

❸ 段落ブロックを選択している際は、[Enter]キーを押すと新しいブロックが作られ段落を変えられます。選択している段落ブロック内で改行する場合は、[Shift] + [Enter]キーを押します。入力し終わったら＜下書きとして保存＞をクリックして保存しましょう❶。この段階ではまだ公開されていません。

パーマリンクを英数字に設定する

1 下書きとして保存すると、タイトルの上に記事のパーマリンクが表示されます。ここは英数字になっていたほうがよいので、＜編集＞をクリックします❶。

2 パーマリンクの末尾の部分がテキストボックスになるので、英数字で名前を入力して❶、＜保存＞をクリックします❷。

3 パーマリンクが変更されました❶。変更したら忘れずに＜下書きとして保存＞をクリックして保存しましょう❷。なお、ここで＜公開する＞をクリックすると、記事が公開されます。

4 なお文書パネル内にあるパーマリンクからも、パーマリンクの編集および確認ができます❶。＜プレビュー＞をクリックして、表示状態を確認してみましょう❷。

❺
プレビューが別のタブで表示されました❶。間違いがあれば、いつでも元のタブに戻って修正できます。

❻
管理画面に戻って、＜投稿＞をクリックします❶。

❼
投稿一覧画面に切り換わり、今追加した記事が表示されています❶。記事を編集したいときは記事名をクリックしてください。

Chapter 4 Section

04 記事に画像を挿入しよう

文字だけの記事よりも、写真やイラストがあったほうが画面の見栄えもよく、内容も理解しやすくなります。ここでは記事に画像を挿入する方法を説明します。

画像を挿入する

すでにヘッダー画像のアップロードのところでも説明しましたが、WordPress では、画像のことを「メディア」と呼び、アップロードした画像は「メディアライブラリ」という画面でまとめて管理します。記事に挿入する画像も「メディアライブラリ」で管理できます。

❶ 前ページの記事を編集していきます。画像を挿入したい位置にあるブロックにマウスポインターを合わせると、＜ブロックの追加＞が表示されるのでクリックします❶。ツールバーの＜ブロックの追加＞からもブロックが追加できます。

❷ 追加したいブロックの種類を選択します。「一般ブロック」→＜画像＞をクリックします❶。

❸ 「アップロード」「メディアライブラリ」「URL から挿入」の３種類の画像選択方法があります。「アップロード」は、画像選択と同時にメディアライブラリに画像が追加されます。「URL から挿入」は、画像の URL を入力することで画像が表示されます。今回は＜メディアライブラリ＞をクリックします❶。

86

▶▶ 4-04 記事に画像を挿入しよう

❹
メディアライブラリが表示されます。ここでは新しい画像を挿入したいので、＜ファイルをアップロード＞をクリックし❶、＜ファイルを選択＞をクリックします❷。

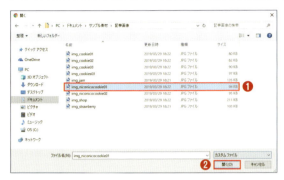

❺
記事に挿入する写真を選択して❶、＜開く＞をクリックします❷。

❻
挿入したい画像が選択されている状態で❶、＜選択＞をクリックします❷。

❼
「画像ブロック」の中に画像が表示されました❶。

Chapter 4
文章と写真を投稿しよう

87

画像の表示方法を設定する

投稿記事や固定ページに挿入した画像では、「配置」「サイズ」などの設定を行えます。「配置」は左右の回り込み、中央揃えなどの指定で、「リンク先」は画像にリンクを設定できます。「サイズ」は記事内での表示サイズの設定で、サムネイル・中サイズ・大サイズ・フルサイズの4種類から選択できます。

❶ 画像ブロックをクリックして選択しましょう❶。画像ブロックが選択されていると、画像ブロックのツールバーが表示されます❷。またブロックパネルには、画像設定が表示されます❸。

❷ 画像が表示できないときの代わりになる「Alt テキスト（代替テキスト）」を入力します❶。

❸ ブロックパネル内の「画像サイズ」「画像の寸法」で画像の表示サイズを設定できます❶。また、画像ブロックのハンドルをドラッグすることでも調整できます❷。画像ブロックのツールバーでは、「配置」設定を行えます❸。

画像にリンクを設定する

画像をクリックしたときに、元画像を表示したり、別のWebサイトへ遷移させたりできます。ブロッ クエリア内の「リンク設定」から設定できます。

❶「リンク」の設定を行います。リンク先は、「なし」「メディアファイル」「添付ファイルのページ」「カスタムURL」の4種類があります。今回は、＜メディアファイル＞を選択します❶。

❷ リンクURLという設定項目が表示され、画像ファイルへのリンクが設定されます❶。

❸ 画像をクリックした際に、新しいタブで開くように＜新しいタブで開く＞のスイッチをONにします❶。

④

＜下書きとして保存＞をクリックします❶。＜プレビュー＞をクリックして確認しましょう❷。

⑤

画像をクリックしてみます❶。

⑥

画像が元のサイズで表示されました❶。

column 画像に別ページへのリンクを設定する

P.89 ❶の画面のリンク設定で、リンク先から＜カスタム URL ＞を選択すると、任意のページにリンクさせることができます。画像から別のページに遷移させたい場合に設定しましょう。

column 画像の初期サイズを設定する

管理画面の＜設定＞→＜メディア＞をクリックすると、「メディア設定」画面が表示されます。ここでは記事に挿入する画像のサイズを変更できます。

初期状態では以下のように設定されています。

・サムネイル　150 × 150 ピクセル
・中サイズ　　300 × 300 ピクセル
・大サイズ　　1024 × 1024 ピクセル

なお、ここでサイズの設定を変更しても、変更以前にアップロードした画像には適用されないので注意してください。

Chapter 4 Section 05

文字を装飾しよう

太字や文字色はどのブロックでも共通で設定できます。箇条書きなどの書式には適したブロックが用意されているので、表示内容に合わせたブロックを選びましょう。

ツールバーやブロックパネルを使って書式設定をする

投稿するテキストは、重要部分を太字で強調したり、列挙する部分を箇条書きにしたりして、メリハリを付けると読みやすくなります。太字での強調などブロック共通で行えますが、箇条書きや見出しにしたい場合はそれぞれ適したブロックを選びましょう。装飾したいブロックを選択すると、ブロックの上にブロックのツールバーが表示されます。ブロックによって装飾できる内容が変わります。

選択中のブロックの上に表示されるツールバー

段落ブロック

リストブロック

見出しブロック

アイコンの一覧

⇄	ブロックタイプを変更	≡	中央寄せ
⋮	詳細設定	≡	右寄せ
B	太字	≡	箇条書きリストに変換
I	イタリック	≡	順序付きリストに変換
🔗	リンク	H2	見出し2
	リンク解除	H3	見出し3
ABC	打ち消し線	H4	見出し4
≡	左寄せ		

太字を設定する

1
文章の一部を目立たせる最も手っ取り早い方法が「太字」です。太字にしたい文字をドラッグして選択し①、＜太字＞ボタンをクリックします②。

2
太字が設定されました①。

文字色と背景色を設定する

1
色を変更したいブロックをクリックします①。段落のブロックエリア内の色設定から設定します②。

2
設定したい背景と文字の色をクリックすると色が変わります①。初期状態に戻したい場合は、＜クリア＞をクリックします②。

文字にリンクを設定する

❶
対象の文字をドラッグして選択し❶、ブロックのツールバーから＜リンク＞をクリックします❷。

❷
入力欄にリンク先の URL を入力して❶、＜適用＞をクリックします❷。

❸
リンクが設定されました❶。

❹
プレビューを表示して、正しくリンクされているか確認しましょう❶。

▶▶▶ 4-05 文字を装飾しよう

箇条書きを設定する

商品名・手順・重要な情報などの項目は、箇条書きにすることで簡素にわかりやすく伝えられます。箇条書き用のブロックがあるので、活用してみましょう。

❶
＜ブロックの追加＞→「一般ブロック」内の＜リスト＞をクリックします❶。

❷
リストブロックに、項目を入力します❶。

❸
リストブロックを選択中は、[Enter]キーを押すことでリストの項目を増やせます❶。

Chapter 4 文章と写真を投稿しよう

④
リストブロックのツールバーから＜順序付きリストに変換＞を選択すると、番号付きのリストに変換できます❶。

見出しを設定する

長い文章は、途中に中見出しや小見出しを入れて区切ると読みやすくなります。見出しは文字色や太字を設定しなくても、テーマで設定されている見出し用の書式が反映されるので、手軽にきれいな文章に整えられます。

❶
＜ブロックの追加＞→「一般ブロック」内の＜見出し＞をクリックします❶。

❷
見出しのテキストを入力します❶。ブロックパネルの見出し設定で、見出しレベルとテキスト配置を設定できます。最初の見出しレベルを「H1」にしましょう。＜H1＞をクリックします❷。

❸ 同様に見出しブロックを追加して、それぞれ見出し設定でH2～H6に設定します❶。設定ができたら＜プレビュー＞をクリックします❷。

❹ 仕上がりのプレビューが表示されるので、見出しの表示スタイルを確認しましょう❶。フォントの種類やサイズはテーマによって決まるため、入力画面と実際の表示とは異なる場合があります。

column　ブロックのタイプを変更する

誤って違う種類のブロックを追加しても、後からブロックのタイプを変更できます。ただし、ブロックごとに変更できるブロックの種類が決まっており、段落ブロックの場合は「見出し」「リスト」「整形済み」「引用」「詩」といったブロックに変更できます。

Chapter 4 Section 06 文字と画像を並べて配置する

「メディアと文章」というブロックでは、ブロックの中にブロックが入れ子になっており、文字と画像を並べて扱えます。

文字と画像を並べて配置する

❶ 設定したい記事の編集画面を表示し、<ブロックの追加>→「レイアウト要素」内の<メディアと文章>をクリックします❶。

❷ 表示したい画像を挿入します。メディアと文章ブロック内の<メディアライブラリ>をクリックします❶。

❸ メディアライブラリが表示されます。挿入したい画像を選び❶、<選択>をクリックします❷。

❹
画像が追加されました。メディアと文章ブロック内の段落ブロックをクリックし、テキストを入力します❶。

❺
段落ブロックを選んでいる状態で[Enter]キーを押すと、メディアと文章ブロック内に段落ブロックが挿入されます❶。

❻
メディアと文章ブロックのツールバーにメディア位置の設定項目があります。＜メディアを右に表示＞をクリックします❶。

❼
画像と文字の表示位置が左右入れ替わります❶。

記事にカテゴリーを設定しよう

Chapter 4 Section 07

カテゴリーを設定すると、同じカテゴリーに属する記事を一覧表示できるようになります。大量の記事を整理し、分類して表示したいときに役立つ機能です。

カテゴリーとタグ

投稿が増えてくると、前に読んだ投稿を探すのも大変です。月別表示で探すにしても、投稿日を覚えていなければいけません。そのようなときに役に立つのが「カテゴリー」と「タグ」機能です。いずれも記事の分類や検索に役立ちます。カテゴリーとタグは用途は似ていますが、使い方が異なります。

カテゴリーは系統立った分類

カテゴリーは「キャンペーン情報」「イベント情報」「商品入荷情報」といった分類を先に作っておき、それを記事に設定します。また、親子階層を持ったカテゴリーも作れます。例えば、「商品入荷情報」カテゴリーの中に「お茶」「フィギュア」「お菓子」といった子カテゴリーを作り、細かく分類できます。

後に説明する「メニュー」の項目にもなるので、カテゴリーごとに独立したページがあるようにも見せられます。

後からカテゴリーを作成して分類していくこともできますが、最初に、ざっくりとでもカテゴリー作成しておいたほうが楽でしょう。ただし、細かすぎる分類はかえってわかりにくくなるので注意が必要です。

タグは柔軟に注目キーワードを列挙

タグはカテゴリーに比べると、もっと柔軟で横断的な使い方をする機能です。記事中にある「検索に役立ちそうなキーワード」を列挙して付けていきます。目安としては、記事の中に何度も出てくるキーワードならタグに使用してもよいでしょう。

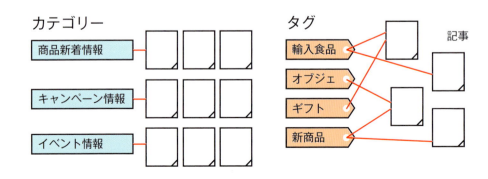

▶▶▶ 4-07　記事にカテゴリーを設定しよう

カテゴリーを作成する

①
管理画面で＜投稿＞→＜カテゴリー＞をクリックすると、カテゴリーの作成画面が表示されます❶。最初は「未分類」という名前のカテゴリーしかありません。

②
カテゴリーの＜名前＞と＜スラッグ＞を入力します❶❷。スラッグはURL内で使われる名前です。パーマリンク同様、英数字を使用してください。入力したら＜新規カテゴリーを追加＞をクリックします❸。

③
新しいカテゴリーが一覧に表示されました❶。

---

column　スラッグを英数字にするのはなぜ？

スラッグはURLの一部となるので、英数字表記が望ましいです。なぜなら、日本語を含む「http://okashi-saitama.co.jp/category/休業日のお知らせ/」のようなURLは英数字と記号に変換され、「http://okashi-saitama.co.jp/category/%E4%BC%91%E6%A5……」となってしまうからです。長いうえに見ても意味がわかりませんね。
スラッグを「休業日のお知らせ」から「holiday」に変更すると、「http://okashi-saitama.co.jp/category/holiday/」となり、見ればすぐに意味がわかります。

Chapter 4　文章と写真を投稿しよう

101

④
同様にさまざまなカテゴリーを追加していきましょう❶。作成後に名前やスラッグを変更したい場合は、カテゴリーの名前をクリックすると編集画面が表示されます。

記事にカテゴリーを設定する

①
記事にカテゴリーを設定します。設定したい記事の編集画面を表示し、文書パネル内の「カテゴリー」で、カテゴリーとして設定したい項目をクリックして選択します❶。複数設定することもできます。カテゴリーの反映を確認したいので、今回は＜公開する＞をクリックします❷。

②
公開の確認が表示されるので、＜公開＞をクリックします❶。

③
サイトを表示して、トップページを表示してみましょう。記事にカテゴリーが表示されています❶。サイドバーにあるカテゴリーの一覧にも表示されています❷。

タグを作成する

1 記事の編集画面を表示して、文書パネル内の「タグ」欄にタグにしたいテキストを入力します❶。

2 テキストに続けて「,（カンマ）」を入力するか、[Enter]キーを押すとタグとして扱われます❶。タグを複数設定したい場合は、タグの後ろに続けて入力します。

3 タグの後ろに表示される×アイコンをクリックすると❶、タグを削除できます。＜更新＞をクリックして反映します❷。

4 記事を表示してタグを確認しましょう。日付の下に表示されています❶。

Chapter 4 Section 08

アイキャッチ画像を設定しよう

アイキャッチ画像は記事の要約として付けられる画像で、新着記事一覧などに表示されます。本書のサンプルテーマではトップページに表示されます。

記事にアイキャッチ画像を設定する

アイキャッチ（Eye catch）画像は、記事ごとに設定するものです。新着記事などで記事へのリンクが表示される際や、記事ページ内に表示されます。本書で紹介する「Saitama」テーマでは、新着情報やトップページのトピックスから記事へのリンクに使われています。Webサイトを見た人の目を投稿に引きつけるための画像と考えれば、名前の由来にも納得がいきますね。アイキャッチ画像が表示される場所はテーマによって異なりますが、よくあるケースとしては、トップページなどで投稿を一覧形式で表示し、投稿のタイトル・本文の抜粋とともに表示される形式が多いです。本書のサンプルテーマでは、トップページの新着情報、過去記事一覧やカテゴリーページなどのアーカイブページで表示されます。それでは、実際に投稿記事にアイキャッチ画像を設定してみましょう。

❶
記事の編集ページを表示し、文書パネル内の＜アイキャッチ画像を設定＞をクリックします❶。

▶▶▶ 4-08 アイキャッチ画像を設定しよう

❷
メディアライブラリが表示されます。今回は記事に挿入した画像と同じものを使うので、画像を選択して❶、＜選択＞をクリックします❷。

❸
アイキャッチ画像が設定されました❶。＜更新＞をクリックして反映します❷。

❹
トップページを表示して、新着情報のアイキャッチ画像を確認してみましょう。前のSectionまではダミー画像が表示されていましたが（P.102参照）、今度は記事内容に合ったアイキャッチ画像が表示されています❶。

105

Chapter 4 Section 09 ページの表示を確認しよう

投稿記事を増やしてどのように表示されるかを確認してみましょう。1つの記事ではわかりにくかったアイキャッチ画像やカテゴリーの目的が理解できるはずです。

記事を投稿して結果を確認する

1 記事をいくつか投稿したら、サイトの表示をあらためて確認しましょう。サイトを表示します❶。

2 トップページを表示します。各投稿の抜粋が「新着情報」として表示されるので、だいぶにぎやかになりました。アイキャッチ画像もそれぞれの記事の内容に合わせたものが表示されています❶。

▶▶ 4-09 ページの表示を確認しよう

❸
記事の単体ページを確認します。ログイン中は記事タイトルの横に「編集」というリンクが表示されており、クリックするとすぐに記事の編集画面を表示できます❶。ログアウトすればこのリンクは消えるので、知らない誰かに編集される恐れはありません。

---

column トップページの表示記事数を変更する

トップページに表示される記事の表示件数を変更したい場合は、管理画面のメニューで＜設定＞→＜表示設定＞をクリックします。＜1ページに表示する最大投稿数＞がトップページやアーカイブページの記事数の設定です。
ここではGoogleなどの検索エンジンに検索させるかどうかも設定できます。

Chapter 4 文章と写真を投稿しよう

107

❹ サイドバーのカテゴリーをクリックして、カテゴリーのアーカイブページに切り換えてみます❶。同じカテゴリーに属する記事だけが表示されています。

❺ サイドバーの「アーカイブ」の日付をクリックすると、月別のアーカイブページに切り替わります❶。タイムライン形式で記事が表示され、スクロールしながらその月の記事を振り返ることができます。

Chapter 5

商品ページを作ろう

基本的な投稿機能に慣れたところで、より柔軟なデザインの記事を投稿してみましょう。文章や写真の配置を工夫して、サイトを訪れた人にわかりやすく印象に残りやすい記事にできます。

Chapter 5 Section 01

ギャラリー機能を使って商品紹介をしよう

商品を一覧で紹介する場合、商品画像をまとめた「ギャラリー」として見せることで、さまざまな商品の中からほしいものを選んでもらいやすくなります。WordPress のギャラリーブロックを使って作成してみましょう。

WordPress のギャラリー機能

WordPress には、ギャラリーを作成する機能があり、かんたんに写真の一覧をギャラリーとして表示できます。サムネイルを並べた画像ギャラリーは、商品や写真の紹介などでよく使われています。WordPress のギャラリーブロックを利用すると、メディアライブラリに登録された写真をグリッド（格子）状に並べたページを作成できます。さらに画像をクリックすると、拡大画像と解説の表示もできます。

ギャラリーブロックを挿入した投稿記事を作成する。クリックすると解説ページが表示される。

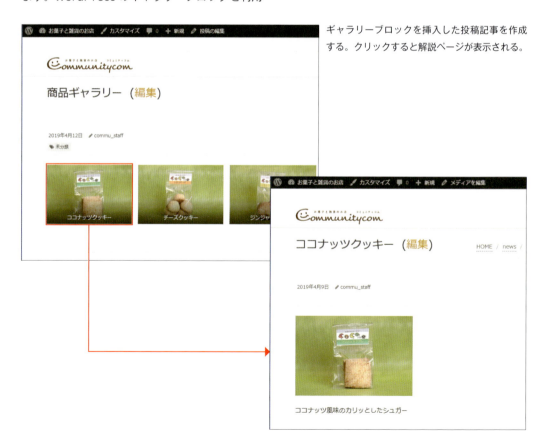

ギャラリーを作成する

❶
ギャラリーブロックを挿入する投稿記事を作成します。＜ブロックの追加＞→「一般ブロック」内の＜ギャラリー＞をクリックします❶。

❷
ギャラリーブロックを追加しました。ギャラリーに画像を追加しましょう。ここでは、あらかじめメディアライブラリにアップロードした写真を使うため、＜メディアライブラリ＞をクリックします❶。

❸
メディアライブラリが表示されます。ギャラリーに配置する画像すべてをクリックしてチェックを付け❶、＜ギャラリーを作成＞をクリックします❷。

4
「ギャラリーを編集」画面が表示されます。ここで画像をドラッグすると順番の入れ替えができます。また、画像右上のボタンで、ギャラリーに追加した画像を削除できます。＜ギャラリーを挿入＞をクリックします❶。

5
ギャラリーブロック内に画像が追加されました。

ギャラリーを設定する

ギャラリーの詳細な設定を行っていきましょう。写真を並べる列数や、サムネイルの設定を行えます。なお、この設定は画像ごとでは変更できず、ギャラリー内のすべての画像に適用されます。

1
「カラム」でギャラリーの列数を指定します。サイトデザインに合わせて指定してください。今回は「3」を入力します❶。「画像の切り抜き」スイッチをONにすると、サムネイルをカラムの大きさに合わせたサイズに切り抜いてくれます❷。

❷
サムネイルをクリックしたときに表示される<リンク先>を選択しましょう。<添付ファイルのページ>を選択すると画像の説明ページが表示されます。<メディアファイル>を選択すると単に画像ファイルのみが表示され、<なし>を選択するとクリックしても何も起きません。今回は<添付ファイルのページ>を選択します❶。

画像ごとの詳細設定を行う

画像を選択し、それぞれのキャプションや説明を設定します。「キャプション」はギャラリーの画像の下に表示されます。「タイトル」と「説明」は、ギャラリーの画像をクリックした後に表示される個別の説明ページ（添付ファイルのページ）に表示されます。

❶
ギャラリーブロックを選択している状態で、<ギャラリーを編集>をクリックします❶。

❷
設定したい画像をクリックすると❶、画面右に「添付ファイルの詳細」の設定が表示されます。「タイトル」〜「説明」を入力します❷。説明ページ（添付ファイルのページ）を利用しない場合、「タイトル」と「説明」は設定しなくても構いません。

❸ ❷の手順で、すべての画像に対してキャプションなどを設定します❶。設定が完了したら＜ギャラリーを更新＞をクリックします❷。

ギャラリーを確認する

❶ 上記の手順の続きです。投稿ページに戻ると、ギャラリーブロック内の画像上に、キャプションが挿入されています❶。＜公開する＞をクリックして投稿を保存します❷。

❷ サイトを表示して、ギャラリーを確認します。ギャラリーのサムネイルをクリックしてみましょう❶。

▶▶▶ 5-01 ギャラリー機能を使って商品紹介をしよう

❸
ギャラリーのサムネイルをクリックすると、自動生成された説明ページ（添付ファイルのページ）が表示されます。タイトルが記事の見出しに❶、説明文が画像の下に表示されています❷。

column　ギャラリーに追加した画像を削除するには

ギャラリーに追加した画像は、「ギャラリーを編集」画面からも削除できますが、ギャラリーブロック内の削除したい画像をクリックすると＜画像の削除＞ボタンが表示されます。＜画像の削除＞をクリックすることで、編集画面上で削除できます。

Chapter 5　商品ページを作ろう

115

Chapter 5 Section 02

画像や動画に文字を重ねてみよう

前章で「メディアと文章」ブロックを使って画像と文字を前後左右に配置する方法を学びました。次は、画像や動画に文字を重ねる方法を学びます。

画像や動画に文字を重ねてメリハリをつける

「カバー」ブロックを利用すると、テキストの背景に画像や動画を配置することがかんたんにできます。投稿の導入部などに使うと、文章や画像だけの単調な投稿に、ぐっとメリハリをつけることができます。

背景画像・動画は、重ねる色や透過率を変更、固定表示にもできます。テキストは太字にしたり、リンクを設定したりできますが、フォントの種類や大きさは使用するテーマにより決まります。

❶ 新たに「新商品ご案内」の記事を作成します。

❷ カバーブロックを追加したい場所で、＜ブロックの追加＞→「一般ブロック」内の＜カバー＞をクリックします❶。

▶▶▶ 5-02 画像や動画に文字を重ねてみよう

3
カバーブロックが追加されました。続いてカバーブロックに画像もしくは動画を追加しましょう。＜メディアライブラリ＞をクリックします❶。

4
「メディアライブラリ」画面が表示されます。使いたい画像もしくは動画をクリックします❶。続いて＜選択＞をクリックします❷。ここでは画像を選択していますが、動画を設定するときはファイルサイズの小さいものがよいでしょう。

5
カバーブロック内に画像が追加されました❶。

Chapter 5 商品ページを作ろう

117

6
「タイトルを入力…」をクリックし、タイトルを入力します❶。

7
必要に応じて太字にしたり、リンクを追加したりしましょう❶。タイトルは[Enter]キーを押すと改行できます。

カバーに表示効果を設定する

カバーブロックに表示効果を設定します。「オーバーレイ」では、画像の上に乗せる色を設定できます。初期状態では、透明です。「背景の透過率」では、オーバーレイの色の透過率を1～100の間で設定します。100に近づくほど不透明になり、0に近づくほど透明になります。

1
カバーブロックを選択すると表示されるブロックパネルで、表示効果を設定できます。＜固定背景＞スイッチをオンにすると、スクロールしたときに画像の位置が固定されます。オフにするとページと共にスクロールします❶。

5-02 画像や動画に文字を重ねてみよう

❷
オーバーレイを設定します。最初から表示されている色以外は、＜カスタムカラーピッカー＞をクリックして❶、表示されるカラーピッカーから選べます。カラーコードを入力して指定することもできるので、ここでは「#7c5b6e」と入力します❷。背景の透過率は「50」にしておきます❸。

❸
画像を変更するときは、カバーブロックのツールバーにある＜メディアを編集＞をクリックします❶。＜プレビュー＞をクリックし、表示を確認しましょう❷。

❹
プレビュー画面で、カバーブロックの表示を確認できます❶。

Chapter 5 商品ページを作ろう

119

Chapter 5 Section 03

段組みと余白を使おう

写真と文章を組み合わせた定型のページなどの単調になりがちな投稿や、間隔が狭く読みづらい記事をよりよく見せるために、段組や余白を使ってみましょう。

段組みを追加する

「カラム」ブロックを使うと、ブロック内を縦に分割し、それぞれに文章や画像を配置できます。操作は少し複雑ですが、マスターすればレイアウトの自由度が広がります。

❶ 段組みを挿入したい位置に、カラムブロックを追加します。＜ブロックの追加＞→「レイアウト要素」内の＜カラム＞をクリックします❶。

❷ カラムブロックが追加されました。ブロックが2分割されています❶❷。

〉段組みに画像と文字を追加する

1
左側のブロックに画像を追加します。カラムブロックは、初期状態だと左右のブロックは空の状態です。画像を挿入したいので、画像ブロックを追加します。カラムブロックを追加した直後は左側のブロックが選択されているので、右側にある「ブロックの追加」をクリックします❶。表示されたメニューから、＜画像＞をクリックします❷。

2
カラムブロック内に、画像ブロックが追加されました❶。＜メディアライブラリ＞をクリックして画像を追加します❷。

3
メディアライブラリが表示されます。追加する画像をクリック❶→＜選択＞をクリックします❷。

❹
画像が追加されました。続いて、画像ブロックの下にテキストを挿入したいので、画像ブロックの下にマウスカーソルを合わせ、「ブロックを追加」が表示されるところでクリックします❶。

❺
テキストを入力します❶。❹で追加した段落ブロックを選択中に［Enter］キーを押すと、新しい段落ブロックがカラムブロック内に追加されます。

❻
左側の段には、画像ブロックが1つ、段落ブロックが3つの構成になりました❶。

▶ ▶ ▶ 5-03 段組みと余白を使おう

❼
同じように右側の段にも画像とテキストを追加します❶。

❽
プレビューで、段組みの表示を確認します❶。

段組みの分割を増やす

❶
カラムブロックにマウスポインターを合わせ、ブロックに「カラム」と表示されたらクリックします❶。

❷ ブロックパネルエリア内の「カラム」に分割数の入力欄が表示されます。最大で6分割できます。ここでは、3分割にしたいので「3」と入力します❶。

❸ 右の段にも画像とテキストを入れましょう❶。

❹ 3分割に設定した表示をプレビューで確認しましょう❶。

余白を入れる

「スペーサー」ブロックを利用すると、任意の高さの余白を挿入できます。ブロック同士が近すぎて読みにくいときなどに使うと、見やすくなります。余白の高さはマウスのドラッグで視覚的に行う方法のほか、数値を直接入力して変更することもできます。

1 余白を挿入したい位置にブロックを追加します。＜ブロックの追加＞→「レイアウト要素」内（または「よく使うもの」内）の＜スペーサー＞をクリックします❶。

2 スペーサーブロックが追加されました。余白の高さは、スペーサーブロック下部のハンドル❶をドラッグして設定できるほか、ブロックパネル内の「余白の設定」で整数を入力しても調整できます❷。

3 プレビュー画面で、ブロックとブロックの間に余白が追加されたことを確認しましょう❶。

Chapter 5 Section 04

ボタンを追加しよう

ページの中でも特に見て欲しいリンクがある場合、「ボタン」ブロックを利用することで目立つボタン型のリンクをかんたんに追加できます。

ボタンを追加する

ボタンブロックの色や表示するテキストは好きなように設定できるほか、太字や斜体のスタイルも設定できます。リンクをボタンとして目立たせることで他の文章や画像と差別化ができ、押してもらいやすくなります。

❶ ボタンを挿入したい位置にブロックを追加します。＜ブロックの追加＞→「レイアウト要素」内の＜ボタン＞をクリックします❶。

❷ ボタンブロックが追加されました。＜テキストを追加…＞をクリックし、ボタンに表示するテキストを入力します❶。

❸ ボタンからリンクさせたいURLを入力しましょう。リンクの入力欄をクリックします❶。

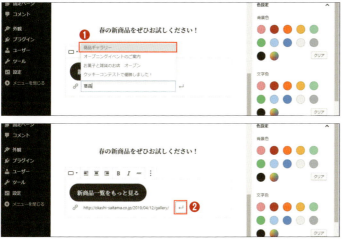

❹
すでに投稿や固定ページがある場合は、タイトルを入力しても検索できます。以前作った「商品ギャラリー」（P.110参照）を選択し❶、＜適用＞をクリックしてリンクを確定します❷。

❺
ボタンブロックを選択中に表示されるツールバーで、ボタンの表示位置を変更できます❶。また、ブロックパネル内の「スタイル」では、ボタンの形を角丸、アウトライン、角のいずれかから選べます❷。

❻
ボタンの色は、ブロックパネル内の「色設定」から変更します❶。背景色と文字色の組み合わせで読みにくい場合は、パネル下部に警告のメッセージが表示されます。誰でも読みやすく、内容がわかるボタンにするための参考にしてください。

Chapter 5 Section 05

記事を複数のページに分割しよう

文章量が多い記事を集中して読んでもらいたい場合や、ページを複数に分けたい場合は、「改ページ」ブロックを使ってみましょう。

記事を複数のページに分割する

「改ページ」ブロックを使うと、追加した場所を境にして記事が分割されます。「改ページ」ブロックが1つ追加されれば2ページに分割、2つ追加されれば3ページに分割といった具合です。分割された各ページの下部には「ページ送り」が表示され、複数のページを移動できます。

❶
ページを分割したい場所に、「改ページ」ブロックを挿入します。＜ブロックの追加＞→「レイアウト要素」内の＜改ページ＞をクリックします❶。

❷
「改ページ」ブロックが追加されました❶。＜プレビュー＞をクリックして、ページが分割されたか確認してみましょう❷。

▶▶▶ 5-05 記事を複数のページに分割しよう

❸
「改ページ」ブロックを追加した場所にページ送りが追加され、ページが分割できました❶。数字をクリックすると、ページが切り替わります。

column　ページ送りのパーツ

ページ送りのパーツは利用するテーマにより異なります。サンプルテーマでは「Pages: 1 2」と表示され、各数字をクリックすると分割したページが表示されます。

column 従来のビジュアルエディターを使いたいときは

WordPress5.0以前のビジュアルエディターに慣れている方は、従来のビジュアルエディターを使いたいと思っているのではないでしょうか。その場合は、「クラシック」ブロックを試してみてください。

他のブロックと同様に、＜ブロックを追加＞→「フォーマット」内の＜クラシック＞をクリックしてブロックを追加してください。5.0以前のビジュアルエディターのようなツールバーが表示され、編集することが可能になります。

なお、WordPress5.0以前のビジュアルエディターで投稿した記事は、5.0以降では「クラシック」ブロックに変換されます。

Chapter 6

会社概要やアクセスページを作ろう

お店の営業時間や住所などのあまり変わらない情報を伝えるページは、「固定ページ」機能を使って作ります。作り方自体は「投稿」機能と大きく違いはありませんが、表や地図を配置し見やすいページを作成しましょう。

Chapter 6 Section 01

新しい固定ページを作成しよう

この章では固定ページ（P.76 参照）を使って、会社概要などの変更が少ないページを作っていきます。まずは「営業時間の案内」ページを作りながら、固定ページの作り方を覚えましょう。

固定ページ一覧からサンプルページを削除する

投稿と同じように、固定ページも初期状態でサンプルページが存在します。不要なので最初に削除しましょう。それから、新しい固定ページを作成します。

1 ＜固定ページ＞をクリックすると、「固定ページ一覧」画面が表示されます❶。「サンプルページ」がすでに登録されているので、「サンプルページ」にマウスポインターを合わせて＜ゴミ箱へ移動＞をクリックします❷。

2 サンプルページがゴミ箱に移動しました❶。固定ページの場合もゴミ箱を空にするまで完全に削除されることはありません。

固定ページで「営業時間の案内」ページを作成する

1 ＜固定ページ＞→＜新規追加＞をクリックすると、「固定ページの編集」画面が表示されます❶。見てのとおり、ほとんど新規の「投稿」の入力画面と同じです。

▶▶▶ 6-01　新しい固定ページを作成しよう

② タイトルや本文などを入力して、＜公開する＞をクリックします❶。

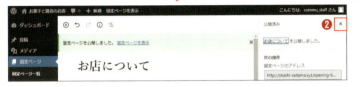

③ 右側のパネルに確認表示が出るので、＜公開＞をクリックします❶。固定ページが投稿されたら、画面右上の＜×＞をクリックして表示を閉じます❷。

④ 文書パネル内の「パーマリンク」設定で、URLを英数字の名前に変更します❶。変更後は＜更新＞をクリックして更新します❷。

⑤ プレビュー画面で仕上がりを確認しましょう。ただし、固定ページを追加してもトップページの「新着情報」などには表示されないため、メニューなどに表示用のリンクを追加する必要があります。その方法については後の章で設定します。

Chapter 6 Section 02

表を使った会社概要ページを作ろう

会社概要ページは会社の情報を掲載するプロフィールのページです。会社や代表者の名前、所在地などの情報を掲載します。ここでは、「テーブル」ブロックを使って会社概要ページを作ります。

会社概要とは

企業やお店の「会社概要（会社情報）」ページを見たことはありますか？「会社概要」はどんな企業や店舗の Web サイトにも存在する、会社のプロフィールです。会社の正式名称、代表者の名前、どんな事業を行っているのか、所在地はどこか、といった基本情報が掲載されています。会社概要の一般的な内容を下の図にまとめました。制作する Web サイトによって会社概要の内容は変わります。何を載せるべきか迷う場合は、制作するホームページの同業種のサイトや、類似するサイトを参考にしてみましょう。例えばカフェのサイトを制作する場合は、他のカフェのサイトを探してみるとページ作成のヒントが得られるかもしれません。

企業の場合
- 会社名（正式名称）
- 所在地
- 連絡先
- 会社設立年
- 資本金
- 代表取締役
- 社員数
- 事業内容（簡潔に）
- 主要取引先
- 取引金融機関
- 交通案内 など

お店の場合
- 店舗名（正式名称）
- 所在地
- 連絡先
- クレジットカードの取り扱い
- 店長名
- スタッフ数
- 交通案内 など

本書で作成する会社概要の内容

事業所名	お菓子と雑貨のお店　コミュニティコム
創業年月	2019 年 1 月
事業内容	お菓子の製造販売、雑貨の販売
会社住所	埼玉県さいたま市大宮区
URL	http://okashi-saitama.co.jp

代表者	星野　邦敏（ほしの　くにとし）
資本金	300 万円
従業員数	12 人
TEL	048-XXX-XXXX

テーブル（表）を作成する

テーブル（Table）には家具のテーブル以外にも、「表、計算表、目録」という意味があります。テーブルの一つひとつのマス目を「セル」と呼び、縦を「列」、横を「行」と呼びます。テーブル作成時によく出てくる用語なので覚えておいてください。

❶
＜固定ページ＞→＜新規追加＞をクリックして、会社概要の固定ページを作ります❶。テーブルブロックを追加します。＜ブロックの追加＞→「フォーマット」内の＜テーブル＞をクリックします❷。

❷
テーブルブロックが追加されました。「列数」「行数」を入力します。会社情報として9項目を表示したいので、列数は「2」、行数は「9」と入力します❶。続いて＜生成＞をクリックします❷。

❸
入力した行数と列数分のテーブルが表示されます❶。

④ セルをクリックするとテキストの入力ができます。[Enter] キーを押すと、セル内で改行ができます。1行目に「事業所名」と「お菓子と雑貨のお店　コミュニティコム」と入力します❶。

⑤ 続けて、各セルに必要な項目を入力して、すべてのセルを埋めます❶。

⑥ 列と行を追加または削除したい場合は、＜テーブルの編集＞をクリックします❶。列と行の追加と削除のメニューが表示されます。

⑦ 「左寄せ」「中央揃え」「右寄せ」「幅広」「全幅」の5つの配置設定があります。今回は右寄せに設定したいので、＜左寄せ＞をクリックします❶。

❽ ブロックパネル内の「スタイル」で、テーブルのスタイルを設定できます。＜ストライプ＞をクリックして、スタイルを変更します❶。

❾ ＜公開する＞をクリックして、固定ページを公開します❶。公開後は、文書パネル内の「パーマリンク」設定でURLを英数字の名前に変更し❷、＜更新＞をクリックして更新します❸。

❿ 公開された会社概要のページを確認します。

Chapter 6 Section 03
地図が載っているアクセスページを作ろう

アクセスページに Google マップを利用した地図を表示しておけば、見た人が店にたどり着くまでの手がかりになります。

地図を表示する方法

WordPress サイトに地図を表示させるにはいくつか方法があり、プラグインを使って表示することもできます。ここでは、Google マップから地図を埋め込むためのコードを取得し、「カスタム URL」ブロックを使う方法を説明します。

地図情報を取得する

❶ 地図情報を取得するために、Google Chrome などのブラウザーで、Google マップ（https://www.google.co.jp/maps/）を表示します。

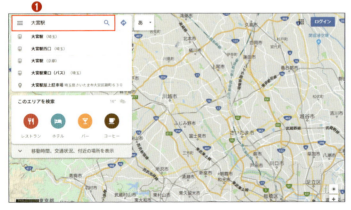

❷ 今回は例として、大宮駅の地図情報を取得します。検索欄に「大宮駅」と入力します❶。名称のほか、住所や経度・緯度での検索もできます。

6-03 地図が載っているアクセスページを作ろう

❸
検索結果が表示されるので、＜共有＞をクリックします❶。

❹
「共有」の画面が表示されます。＜地図を埋め込む＞をクリックします❶。

❺
＜HTMLをコピー＞をクリックし、地図を表示するために必要なHTMLをコピーします❶。コピーしたHTMLは、メモ帳などに保存しておくとよいでしょう。

地図を固定ページに表示する

1 ＜固定ページ＞→＜新規追加＞をクリックし、アクセスページを作ります❶。タイトルと本文を入力します❷。

2 地図を表示するためのブロックを追加します。＜ブロックの追加＞→「フォーマット」内の＜カスタム HTML ＞をクリックします❶。

3 カスタム HTML ブロックが追加されました❶。

6-03 地図が載っているアクセスページを作ろう

❹ 入力欄に、P.138の手順でコピーしたHTMLのコードを貼り付けます❶。

❺ カスタムHTMLブロックのツールバーの＜プレビュー＞をクリックすると❶、入力したHTMLコードが地図として表示されます❷。

❻ ＜公開する＞をクリックして、固定ページを公開しましょう❶。公開後に、パーマリンクを英数字に変更し❷、＜更新＞をクリックします❸。

❼ 公開した固定ページを確認してみましょう。

column プラグインを使って地図を表示する

地図を表示する代表的なプラグインとしては「Simple Map」があります。表示サイズや倍率を自由に設定でき、スマートフォン対応のWebサイトとも相性がよいです。使用するためには「Google Maps APIキー」を取得する必要があります。取得にはGoogleアカウントとクレジットカード情報が必要です。

Chapter 7

お問い合わせ
フォームを作ろう

お問い合わせフォームはお客さまとコミュニケーションを取れる重要なツールです。ここでは「Contact Form 7」というプラグインを使ったフォームの設置方法を解説します。少し難しくなりますが、フォームの項目をカスタマイズすることも可能です。

Chapter 7 Section 01

プラグインを使用する

お問い合わせフォームは、プラグインを使うと手軽に作成できます。ここではプラグインの基本的な使い方を見ていきましょう。

プラグインで WordPress を強化する

この章ではお問い合わせフォームを作成します。WordPress の元から付いている機能にはないので、「プラグイン」を利用します。第 1 章でもかんたんに紹介しましたが、プラグインは WordPress にインストールして機能を強化できる小さなプログラムのことです。WordPress の初期状態でもいくつかのプラグインがインストールされています。ただし有効化されていないので、動作はしていない状態です。

標準でインストールされているプラグイン

プラグイン名	働き
Akismet Anti-Spam	スパムコメントを防ぐ（P.228 参照）。
Hello Dolly	管理画面に Hello Dolly の歌詞を表示する。

プラグインにもバージョンがある

WordPress にバージョンがあるように、プラグインにもそれぞれバージョンがあります。古いプラグインは、WordPress の新しいバージョンで使うと支障が出たり、セキュリティ上の弱点があったりするので、早めに更新しておきましょう。新バージョンがリリースされるとプラグインの一覧画面に通知が表示されるので、そこからかんたんにアップデートできます。

❶ ＜プラグイン＞をクリックすると❶、インストール済みのプラグイン一覧が表示されます。新しいバージョンの通知が表示されていたら、＜更新＞をクリックします❷。

2

少し待っていると自動的に更新が完了します❶。

WP Multibyte Patch プラグインをインストールする

WordPress を日本語で使う場合は必須といわれているプラグインが、「WP Multibyte Patch」です。マルチバイトというのは日本語を含む多バイト文字データのことで、このプラグインは、英語圏で開発された WordPress を日本語環境で利用する際に起きる不具合を解決します。なお、WordPress のバージョンによっては標準でインストールされていることもあります。

1

＜プラグイン＞→＜新規追加＞をクリックし❶、キーワードに「wp multibyte」と入力します❷。「WP Multibyte Patch」が表示されたら＜今すぐインストール＞をクリックします❸。

2

プラグインのインストールが開始されます。完了したら＜有効化＞をクリックします❶。

3

プラグインの有効化が完了すると、画面がインストール済みプラグインの一覧に切り替わります。WP Multibyte Patch が一覧に追加されています❶。

Chapter 7 Section 02

Contact Form 7 を導入しよう

お客さまとコミュニケーションを取るためには、お問い合わせフォームが欠かせません。ホームページにフォームを設置するために「Contact Form7」というプラグインを導入しましょう。

Contact Form 7 とは

Contact Form 7 は 1 億回以上もダウンロードされている、とても有名なお問い合わせフォーム用のプラグインです。多彩な機能を備えていますが、初心者にも使いやすいようなシンプルな設計になっています。また、日本のエンジニアが開発したプラグインなので、日本語のドキュメント(説明文書)も充実しています。

Contact Form 7 の設定画面

固定ページ上に表示したフォーム

フォームから送信されたメール

Contact Form 7 をインストールする

❶
管理画面で＜プラグイン＞→＜新規追加＞をクリックします❶。キーワードに「Contact Form 7」と入力します❷。検索結果に「Contact Form 7」のプラグインが表示されるので、＜今すぐインストール＞をクリックします❸。

❷
プラグインのインストールが完了したら、＜有効化＞をクリックします❶。

❸
有効化が終わると、インストール済みプラグイン一覧の画面に戻ります。管理画面のメニューに「お問い合わせ」という項目が追加されています❶。これで準備完了です。

Chapter 7 Section 03

お問い合わせフォームを作ろう

Contact Form 7 の準備ができたのでフォームを作成しましょう。初期状態で用意されているサンプルを使えば、かんたんにフォームを作ることができます。

フォームの項目を設定する

❶
前ページの手順の続きです。メニューの＜お問い合わせ＞をクリックすると、Contact Form 7 の設定ページが表示されます❶。＜新規追加＞をクリックします❷。

❷
フォームの新規追加画面に変わります。初期状態ですでに内容が入力されています。今回はこの内容をそのまま使って進めるので、特に編集する必要はありません。
フォームのタイトルを入力します。これは複数のフォームを見分けるために付ける名前で、ページには表示されません。今回は「お問い合わせ」と入力して❶、＜保存＞ボタンをクリックします❷。画面下部と画面右側の＜保存＞ボタンは、どちらを押しても保存されます。

7-03 お問い合わせフォームを作ろう

❸
次にフォームから送信される情報を届けるメールの設定を行います。＜メール＞をクリックし❶、＜送信先＞に宛先のメールアドレスを入力します❷。他の項目は今回はそのままで構いません。＜保存＞ボタンをクリックします❸。

❹
＜コンタクトフォーム＞をクリックすると❶、フォームの一覧が表示されます。「お問い合わせ」というタイトルのフォームが追加されています❷。

Chapter 7 Section 04

固定ページにフォームを設定しよう

お問い合わせ用のフォームを作成しただけではページに表示されません。固定ページを作成して、フォームを表示するショートコードを挿入しましょう。できあがったら正しく動作するかテストします。

固定ページにショートコードを貼り付ける

お問い合わせのフォームを作成しただけでは、ページに表示されません。先ほど行った操作はフォームの情報をWordPressの中に保存するためのものです。実際にページに表示させるには、「ショートコード」を使ってフォームを呼び出す必要があります。ショートコードとは、投稿記事や固定ページ内の本文に[ショートコード名]を記述することで、自分が表示させたい内容を呼び出すことができる機能です。

❶
前ページの手順の続きです。＜お問い合わせ＞をクリックすると、フォームの一覧が表示されます❶。追加したフォームのショートコードをクリックしてコピーします❷。

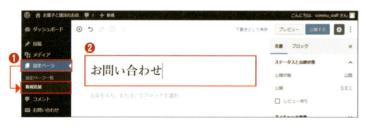

❷
＜固定ページ＞→＜新規追加＞をクリックし、お問い合わせ用の固定ページを作成します❶。タイトルに「お問い合わせ」と入力します❷。

❸
＜ブロックの追加＞→「ウィジェット」内の＜ショートコード＞をクリックします❶。

150

▶▶▶ 7-04 固定ページにフォームを設定しよう

❹ 追加されたショートコードブロックに、❶でコピーしたショートコードを貼り付けます❶。なお、段落ブロックにショートコードを貼り付けた場合は、自動的にブロックのタイプがショートコードブロックに変わります。

❺ プレビューを表示して確認しましょう。ショートコードが正しく貼り付けられていれば、フォームが表示されているはずです❶。

❻ 編集画面に戻って、＜公開する＞をクリックします❶。公開されたら、パーマリンクを英語に変更し❷、＜更新＞をクリックします❸。

フォームの動作を確認する

1
前ページの手順の続きです。＜固定ページを表示＞をクリックします❶。

2
固定ページが表示されました❶。ためしにフォームを使ってメッセージを送信してみましょう。

3
テストのために各項目に入力し❶、＜送信＞ボタンをクリックします❷。テスト送信なので、入力する内容は何でも構いません。

▶▶▶ 7-04 固定ページにフォームを設定しよう

❹
情報が送信されると、「ありがとうございます。メッセージは送信されました。」と表示されます❶。

❺
メールが届いているか確認しましょう。P.149 ❸で設定したメールアドレスに、メールが届いています。

| column | フォームのメッセージを変更するには |

フォームを送信したときなどに表示されるメッセージは、Contact Form 7 の設定ページにある＜メッセージ＞タブで変更できます。さまざまな状況に対応するメッセージが用意されているので、必要に応じて変更してください。

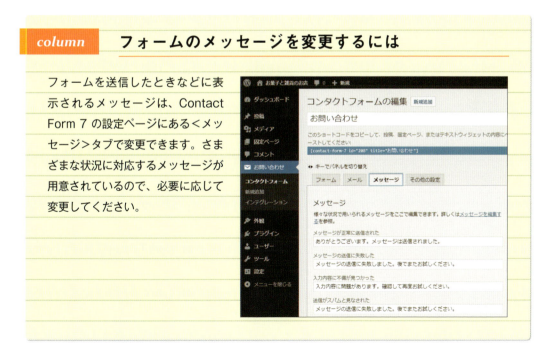

Chapter 7 Section 05

フォームに項目を追加しよう

初期設定のフォームでもお問い合わせフォームとして使えますが、独自の項目を追加したいこともあるはずです。少し難しく感じるかもしれませんが、挑戦してみましょう。

Contact Form 7 のフォームのしくみ

Contact Form 7 の＜フォーム＞タブに入力されていたコード（命令を含んだテキストのこと）がフォームの項目になる部分です。これを仕様に沿って変更すれば、自在に項目を追加することができます。HTML も使われているので少し難しく感じるかもしれませんが、書くことは決まっているので、見た目ほど複雑ではありません。なお、＜フォーム＞タブにコードを書くだけでなく、＜メール＞タブの「メッセージ本文」にメールで送られる情報を表すコードも書く必要があります。

フォーム項目の設定

```
<label> お名前（必須）
    [text* your-name] </label>

<label> メールアドレス（必須）
    [email* your-email] </label>

<label> 題名
    [text your-subject] </label>

<label> メッセージ本文
    [textarea your-message] </label>

性別
[radio your-sex "男" "女"]

[submit "送信"]
```

メッセージ本文の設定

```
差出人：[your-name] <[your-email]>
題名：[your-subject]

メッセージ本文：
[your-message]

性別：
[your-sex]

--
このメールはお菓子と雑貨のお店
(http://okashi-saitama.co.jp) のお問い合わせフォームから送信されました
```

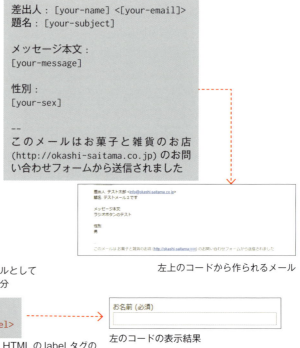

左上のコードから作られるメール

フォーム項目の構造

HTML の label タグの開始タグ　　項目のタイトルとして表示される部分

```
<label> お名前（必須）
    [text* your-name] </label>
```

フォームの項目になるショートコード　　* を付けると必須入力　　HTML の label タグの終了タグ

左のコードの表示結果

154

性別を選ぶラジオボタンを追加する

1

P.153 の手順の続きです。＜お問い合わせ＞をクリックし❶、編集したいフォームの名前をクリックします❷。

2

フォームの編集画面が表示されます。項目を追加したい部分で改行し❶、＜ラジオボタン＞をクリックします❷。

3

ラジオボタンの設定を入力します。＜名前＞には他のフォーム項目と重複しない半角英数の名前を付けます。ここでは「your-sex」とします❶。＜オプション＞に選択肢となる文字を入力します。ここでは「男」と入力して改行し、「女」と入力します❷。最後に＜タグを挿入＞をクリックします❸。

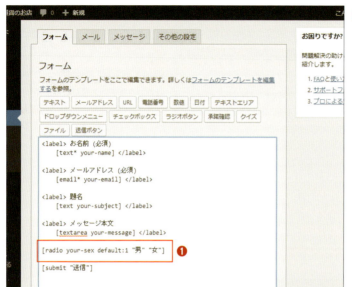

④ ラジオボタンの項目になるショートコードが挿入されました❶。

⑤ 項目のタイトルになる部分とHTMLタグを入力します。ショートコードの前に「性別」と入力します❶。

⑥ 最後に＜保存＞ボタンをクリックします❶。

メールに項目を追加する

①
前ページの手順の続きです。＜メール＞をクリックします❶。＜メッセージ本文＞に次のように入力します❷。

性別：
[your-sex]

この部分のショートコードに書くのは、P.155 ❸でラジオボタンの＜名前＞に入力したフォーム項目の名前です。この名前が一致していれば、先ほどのラジオボタンの選択結果が、メールのメッセージ本文に反映されます。

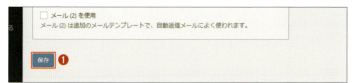

②
＜保存＞ボタンをクリックします❶。

フォームの動作を確認する

①
コンタクトフォームを設置した固定ページの編集画面を表示し、＜固定ページを表示＞をクリックします❶。

❷ フォームが表示されました。ラジオボタンが追加されています❶。問題がないようなら、各項目を入力します。

❸ テスト用の内容を入力して送信します。＜送信＞をクリックします❶。

❹ ＜メール＞タブの指定が間違いなければ、次に届いたメールの本文には、性別が追加されています❶。

Chapter 8

メニューや
サイドバーを
カスタマイズしよう

ここまででホームページのメインコンテンツは完成しています。次はホームページ内を移動する「メニュー」や、サイドバー、フッターに表示する情報などを整理して、より見やすいホームページへとカスタマイズしていきましょう。

Chapter 8 Section 01

メニューを設定しよう

これまでに作成した「お問い合わせページ」などに移動しやすくするために、メニューをカスタマイズしましょう。メニューの項目には、固定ページや投稿の他に、カテゴリーを設定できます。

グローバルメニューとは

グローバルメニューとは、ホームページ内を移動するための目次にあたるものです。一般的にはヘッダーやサイドバーに設置します。

WordPressでは初期状態だと、トップページとすべての固定ページへのリンクを持つメニューが自動的にヘッダー内に表示されますが、メニューを作成すれば、必要な項目だけを表示するようにカスタマイズできます。

ここでは、トップページに移動する「ホーム」の他に、「お問い合わせ」や「アクセス」「会社概要」などの固定ページへ移動するリンクを設定していきましょう。また、ブログや商品入荷情報などのカテゴリもメニューに入れておけば、アーカイブページをすばやく表示できるようになります。

初期状態では固定ページがそのままメニューとして表示される。

メニューをカスタマイズして階層化し、情報を探しやすくする。

メニューを作成する

❶ 管理画面で＜外観＞→＜メニュー＞をクリックしてメニューの設定ページを表示します❶。

❷ ＜メニュー名＞にメニューの名前を入力し❶、＜メニューを作成＞をクリックします❷。この名前はページには表示されないので、管理者がわかりやすいものを付けてください。

❸ 中身のないメニューが作成されました。ヘッダー部分に表示するので＜グローバルナビ＞にチェックを付けます❶。

固定ページを登録する

1
前ページからの続きです。＜固定ペー
ジ＞をクリックし❶、＜すべて表示＞
をクリックします❷。

2
すべての固定ページのタイトルが表示
されます。メニューに載せたいものに
チェックを付け❶、＜メニューに追
加＞をクリックします❷。

3
メニューに項目が登録されました❶。

投稿を登録する

①
前ページからの続きです。＜投稿＞をクリックし❶、メニューに追加したいものにチェックを付けて❷、＜メニューに追加＞をクリックします❸。

②
メニューに投稿の項目が追加されました❶。投稿した記事へのリンクになります。

メニューの順番を入れ替える

①
上記の続きです。移動したい項目にマウスポインターを合わせ❶、挿入したい位置へドラッグ＆ドロップします❷。

2 同様に他の項目も順番を変更し❶、
＜メニューを保存＞をクリックします
❷。

3 メニューが更新されました❶。

4 サイト表示に切り換えてメニューを確認しましょう❶。

メニューを階層化する

メニューの項目が多すぎると、サイト閲覧者が目的のページを探しにくくなってしまいます。同じジャンルの情報は1つのメニューにまとめておくと、閲覧者が目的のページへたどり着きやすくなります。親メニューを作成し、子メニューを設定してみましょう。

❶
P.161の方法でメニュー画面を表示し、＜カスタムリンク＞をクリックします❶。カスタムリンクは外部サイトなど任意のページにリンクできる項目です。

❷
親メニューにはリンクは不要ですが、入力しないとメニューに登録できないので、＜URL＞に「#」を入力します❶。＜リンク文字列＞にメニュー項目の名前を入力し❷、＜メニューに追加＞をクリックします❸。

❸
親メニューになる項目が登録されました❶。

❹ 追加した項目をドラッグして「お店について」より上に移動し❶、<▼>をクリックします❷。

❺ 項目の設定欄が表示されます。「#」にリンクされている状態になっているので、< URL >を空欄にします❶。<▲>をクリックして設定欄を非表示にします❷。

❻ 会社概要以降の項目を親メニューの子にします。子にしたい項目にマウスポインタを合わせます❶。
少し右にドラッグし、枠が表示されたところでマウスのボタンを離します❷。

▶▶▶ 8-01 メニューを設定しよう

7 これですぐ上の親メニューの子になり、「副項目」と表示されます。同じように他の項目も右にドラッグして親メニューの子にします❶。設定が終わったら＜メニューを保存＞をクリックします❷。

8 サイト表示に切り替えて確認しましょう。通常は親の階層のメニュー項目だけが表示されています❶。マウスポインタを合わせると子に設定したサブメニューが表示されます❷。

Chapter 8 メニューやサイドバーをカスタマイズしよう

167

Chapter 8 Section 02

サイドバーの
ウィジェットを変更しよう

WordPressではサイドバーやフッターに表示するパーツのことを「ウィジェット」といい、自由に追加・変更が可能です。不要なウィジェットを取り除き、リンクなどを追加しましょう。

ウィジェットとは

ウィジェットはサイドバーやフッターに配置するパーツのことで、「新着記事一覧」「最近のコメント」「リンク集」「タグ一覧」「カレンダー」などの種類があります。標準でもさまざまなウィジェットがありますが、プラグインのインストールで種類を増やすことも可能です。

管理画面で追加したウィジェットが、サイドバーやフッターに表示される。

標準で利用できるウィジェット

RSS	RSSフィードの表示
アーカイブ	月別のアーカイブページ一覧を表示
カスタムメニュー	サイドバーにメニュー（P.160参照）を表示
カテゴリー	カテゴリー別のアーカイブページ一覧を表示
カレンダー	投稿にリンクしたカレンダーを表示
タグクラウド	タグの一覧を表示
テキスト	任意のテキストやHTMLを表示
メタ情報	管理画面へのログインリンクなどを表示
固定ページ	固定ページ一覧を表示
最近のコメント	最近付けられたコメントの一覧を表示
最近の投稿	最近の投稿の一覧を表示
検索	ホームページ内を検索するツールを表示

サイドバーのウィジェットを削除・追加する

1
管理画面で＜外観＞→＜ウィジェット＞をクリックします❶。

2
最近の投稿一覧はトップページやフッターにもあるので、ここでは＜最近の投稿＞をサイドバーから取り除きましょう。
削除したいウィジェットにマウスポインターを合わせ❶、＜利用できるウィジェット＞のエリアまでドラッグします❷。

3

同じように＜最近のコメント＞や＜カテゴリー＞、＜メタ情報＞も取り除きます❶。

4

タグの一覧を追加しましょう。「利用できるウィジェット」の＜タグクラウド＞をクリックします❶。挿入先一覧が表示されるので「サイドバー」が選択されている状態で❷、＜ウィジェットを追加＞をクリックします❸。または、＜タグクラウド＞をサイドバーのエリアへドラッグすることでも、追加することができます。

5

ウィジェットが配置され、設定用のウィンドウが表示されます。ここでは＜▲＞をクリックしてウィンドウを閉じます❶。

ウィジェットのタイトルを変更する

❶ 左ページの手順の続きです。月別の投稿一覧の名前が「アーカイブ」ではわかりにくいので、名前を変更しましょう。＜アーカイブ＞の＜▼＞をクリックします❶。

❷ 設定用のウィンドウが表示されます。＜タイトル＞に「過去記事一覧」と入力し❶、＜投稿数を表示＞にチェックを付けて❷、＜保存＞をクリックします❸。

❸ サイト表示に切り替えて、サイドバーの状態を確認しましょう。検索ボックスとタグクラウド、過去記事一覧のみになりました❶。

Chapter 8 Section 03 Saitama Addon Packをインストールしよう

「Saitama Addon Pack」はファビコン、トピックエリア、SNS連携、SEO設定などをまとめて行えるプラグインです。第8章～第9章で使用するので、ここでインストールしておきましょう。

＞ Saitama Addon Pack とは

Saitama Addon PackはSaitamaテーマと並行して開発されたプラグインです。テーマだけではできない部分を補い、ホームページにさまざまな情報を表示できます。基本的な使い方は、表示したい情報を設定画面から入力し、連携するウィジェットを表示したい場所に配置するというものです。

Saitama Addon Pack の機能

ファビコン	ブラウザのタブやブックマークに表示するアイコンを設定（P.225参照）。
デフォルトアイキャッチ画像	アイキャッチ画像（P.104参照）が設定されていないときに表示する画像を設定。
トップページのトピックエリア設定	トピックエリアに注目情報を表示（P.174参照）。
お問い合わせ先の設定	フッターに表示する問い合わせ先の住所やメールアドレス、電話番号などを表示（P.178参照）。
Google アナリティクス設定	アクセス解析を行うGoogleアナリティクスと連携（P.231参照）。
SEO 設定	検索結果に表示されるディスクリプションやキーワードを設定（P.208参照）。
SNS 設定	お店のFacebookページやTwitterアカウントの情報をSaitama_SNSボタンとして表示（P.182参照）。
ウィジェットの追加	ウィジェットとして「Saitama_SNSボタン」「Saitama_トピックエリア」「Saitama_フッター_お問い合わせエリア」「Saitama_フッターナビ」「Saitama_最近の投稿」を追加（P.177、179、180、182参照）。

Saitama Addon Packの設定画面と追加されるウィジェット。

▶▶▶ 8-03 Saitama Addon Pack をインストールしよう

Saitama Addon Pack をインストールする

❶
管理画面で＜プラグイン＞→＜新規追加＞をクリックします❶。検索窓に「Saitama Addon Pack」と入力し、そのまま［Enter］キーを押します❷。「Saitama Addon Pack」が表示されるので、＜今すぐインストール＞をクリックします❸。

❷
インストールが完了したら、＜有効化＞をクリックします❶。

❸
プラグインが有効化されました❶。管理画面のメニューに「Saitama Addon Pack」が追加されます❷。

Chapter 8

メニューやサイドバーをカスタマイズしよう

173

Chapter 8 Section 04

トップページに注目してほしい情報を載せよう

イベントやキャンペーン、一押し商品などの情報は、トップページの目立つところに載せてアピールしましょう。Saitama テーマでは、ヘッダーの下に「トピックエリア」として 2 つの画像付きリンクを設定できます。

トピックエリアとは

特に見てほしいページなどアピールしたい情報がある場合、Saitama テーマでは、トップページのヘッダー画像と新着情報の間のエリア（トピックエリア）に表示させることができます。
トップページを表示したときに真っ先に目に入ってくるので、新着情報の記事よりも目立ちます。

期間限定のイベントやキャンペーンに集客したい場合や、人気の高い商品の入荷を大々的にアピールしたい場合などに利用すると効果的です。
Saitama テーマと Saitama Addon Pack を組み合わせると、トピックエリアに 2 つの情報を設定できます。

トピックエリア

トピックエリアに表示する情報を設定する

1
管理画面で＜Saitama Addon Pack＞をクリックします❶。＜トップページ設定＞をクリックします❷。

2
＜トピックエリア1＞の＜タイトル＞と＜概要＞を設定します❶❷。＜英語タイトル＞は画像の左上に白抜きで表示されますが、省略しても構いません。＜リンクURL＞にトピックの詳細が載っているページのURLを入力し❸、＜画像URL＞の＜画像を選択＞をクリックします❹。

3
メディアライブラリが表示されます。画像を選択して❶、＜Choose image＞をクリックします❷。

❹ 画像が設定されました❶。

❺ 同じように＜トピックエリア２＞も設定します❶。

❻ 必要項目を入力したら、＜変更を保存＞をクリックします❶。

ウィジェットを配置する

❶ 管理画面で＜外観＞→＜ウィジェット＞をクリックして、ウィジェットの設定画面を表示します❶。＜Saitama_トピックエリア＞を＜トップページコンテンツエリア上部＞までドラッグします❷。

❷ トピックエリアのウィジェットが配置されました❶。

❸ サイト表示に切り替えると、トップページのトピックエリアに2つの画像リンクが表示されています❶。クリックすると、リンクを設定したページが表示されます。

Chapter 8　Section 05

フッターに連絡先情報や新着情報などを載せよう

ホームページ下部のフッターにはコピーライト情報を載せるのが一般的です。業種によっては店の場所をすぐに見つけられるよう、住所や電話番号も載せておくとよいでしょう。

フッターの役割

フッターとはホームページの下部に表示されるエリアのことです。多くのホームページでフッターに掲載しているのが、制作者と著作権を明らかにする「コピーライト情報」です。

その他にも、ヘッダーまで戻らなくてもページ内を移動できるようサブナビゲーションを載せたり、お店や企業への連絡先として住所や電話番号、問い合わせフォームへのリンクなどを載せたりすることがあります。

Saitamaテーマのフッターには4つのウィジェット領域があり、連絡先情報の他に新着情報やメニュー、任意のテキストなどを配置できます。

フッターに各種情報とコピーライトを表示

コピーライト情報は、サイトのタイトルをもとに自動的に表示される。

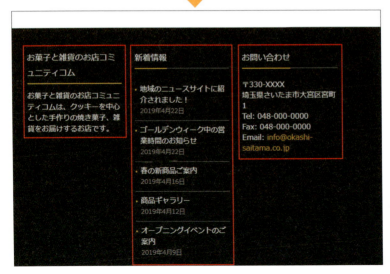

フッター1～3のウィジェット領域に、「テキストウィジェット」「最近の投稿」「お問い合わせエリア」を配置しよう。

連絡先の情報を入力する

お店（会社）の住所やメールアドレス、電話番号などを設定します。表示する必要のない項目は空欄にしておけば、Web サイト上には何も表示されません。設定が終わったら、フッターのウィジェット領域に「Saitama_ フッター _ お問い合わせエリア」を配置します。

1 管理画面で< Saitama Addon Pack >をクリックし❶、<お問い合わせ設定>をクリックします❷。

2 各欄に連絡先の情報を入力します❶。<住所>では欄内で改行するとそのままページに反映されます。<変更を保存>をクリックします❷。

3 <外観>→<ウィジェット>をクリックして、ウィジェットの設定画面を表示します❶。< Saitama_ フッター _ お問い合わせエリア>を<フッター3 >までドラッグします❷。

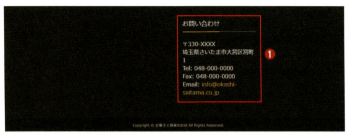

❹ サイトを表示してフッターが更新されたことを確認しましょう❶。フッター3は右から2番目に表示されます。なお、この設定を行うと、サイトロゴの上部にもお問い合わせ先が表示されます。

＞ 新着情報を表示する

❶ ウィジェット画面を表示します。＜Saitama_最近の投稿＞を＜フッター2＞にドラッグし、追加します❶。

❷ ＜タイトル＞と＜表示件数＞を設定して、＜保存＞をクリックします❶。

❸ サイトを表示してフッターが更新されたことを確認しましょう❶。フッター2は左から2番目に表示されます。

フッターにテキストウィジェットを追加する

❶
ウィジェットを利用してフッターにお店の紹介文を入れてみましょう。任意のテキストを入れたい場合はテキストウィジェットを利用します。「利用できるウィジェット」の＜テキスト＞をクリックします❶。挿入先一覧が表示されるので「フッター1」が選択されている状態で❷、＜ウィジェットを追加＞をクリックします❸。

❷
ウィジェットが配置され、設定用のウィンドウが表示されます。＜タイトル＞❶と＜ビジュアル＞タブ❷が選択されている状態で本文を入力します❸。最後に＜保存＞をクリックします❹。

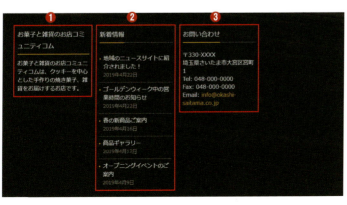

❸
サイト表示に切り替えて、フッターを確認します。フッター1にテキストウィジェット❶が、フッター2に最近の投稿が❷、フッター3にお問い合わせが表示されます❸。

181

Chapter 8 Section 06

SNSと連携するパーツを表示しよう

いまやFacebookやTwitterなどのSNSとの連携は不可欠な要素となっています。サイドバーにFacebookやTwitterのページを表示するバナーを配置し、タイムラインを表示しましょう。

Facebook と Twitter のバナーを表示する

お店のFacebookページへのリンクやTwitterのタイムラインがサイドバーに表示されているホームページをよく見かけますよね。Saitamaテーマでは、テーマオプションでリンクをかんたんに設定することができます。

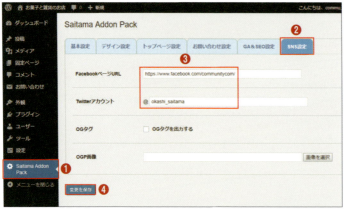

❶ <Saitama Addon Pack>をクリックして❶、<SNS設定>をクリックします❷。<FacebookページURL>にお店のFacebookページのURLを、<Twitterアカウント>にTwitterのアカウント名を入力し❸、<変更を保存>をクリックします❹。

❷ <外観>→<ウィジェット>をクリックしてウィジェットの設定画面を表示します❶。<Saitama_SNSボタン>をフッター4にドラッグします❷。

▶▶▶ 8-06　SNSと連携するパーツを表示しよう

③
サイト表示に切り替えると、フッターにバナーが表示されています❶。

④
バナーをクリックすると、FacebookのページやTwitterのページが表示されます。

▶Twitterのウィジェットを取得する

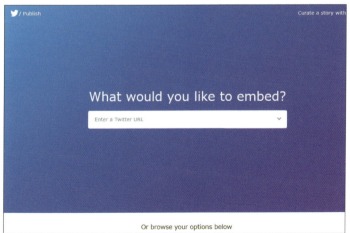

①
以下のURLを入力して、Twitterのウィジェット設定ページを表示します。

https://publish.twitter.com/

183

❷
画面をスクロールし、＜ Embedded Timeline ＞をクリックします❶。

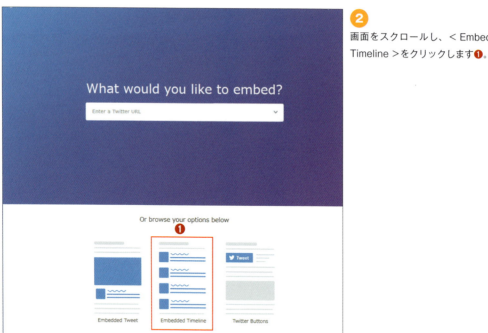

❸
入力欄に作成したい Twitter URL を入力し❶、＜ Preview ＞をクリックします❷。

❹
ウィジェットが作成されました。＜ Copy Code ＞をクリックするとタイムラインを表示するためのコードがコピーされます❶。

埋め込みコードをテキストウィジェットで貼り付ける

①
「利用できるウィジェット」の＜テキスト＞をクリックします❶。挿入先一覧が表示されるので「サイドバー」が選択されている状態で❷、＜ウィジェットを追加＞をクリックします❸。

②
＜タイトル＞は「Twitter」と入力しましょう❶。＜テキスト＞タブをクリックし❷、入力欄に先ほどコピーした埋め込み用のコードを貼り付けます❸。＜保存＞をクリックします❹。

③
サイト表示に切り替えて、ツイートが表示されていることを確認します❶。

Chapter 8 Section 07

各ページにソーシャルボタンを設置しよう

投稿ページや固定ページそれぞれにソーシャルボタンを設置すると、そのページにリンクを張ったメッセージをかんたんに投稿できます。ページを手軽に拡散してもらいやすくする有効な手段です。

ソーシャルボタンの役割

前回のセクションではサイドバーにTwitterやFacebookのバナーを表示しましたが、これらはホームページからお店や会社のSNSを見やすくするための手段です。今度は各ページにソーシャルボタンを設置してみましょう。

これらのソーシャルボタンをクリックすると、ページへのリンクを含むメッセージを手軽に投稿できるようになります。ホームページを訪れた人とSNSで繋がっている人に通知されるので、そこからさらに訪問者を増やすことができるのです。

SNSにはTwitterやFacebook、LINEなどいろいろありますが、「AddToAny Share Buttons」プラグインを利用すれば、各ソーシャルメディアの共有ボタンを記事にまとめて設置できます。今回はこのプラグインを利用した設置方法を説明します。まずはプラグインのインストールからです。

ソーシャルボタンでページを拡散する。

「AddToAny Share Buttons」をインストールする

1
＜プラグイン＞→＜新規追加＞を
クリックします❶。キーワードに
「AddToAny Share Buttons」と
入力します❷。「AddToAny Share
Buttons」が表示されるので、＜今す
ぐインストール＞をクリックします
❸。

2
インストールが完了したら、＜有効
化＞をクリックします❶。

3
プラグインが有効化されました
❶。管理画面の設定メニューに
「AddToAny」のメニューが追加され
ます（P.188 参照）。

④ サイト表示に切り替えて投稿記事一覧や個別ページを確認しましょう。個別ページでは、下にソーシャルボタンが表示されます❶。

⑤ たとえば＜ Twitter ＞をクリックすると、そのページタイトルと URL が掲載されたツイートの投稿画面が表示されます❶。

ソーシャルボタンの設定を変更する

① 管理画面の＜設定＞→＜ AddToAny ＞をクリックすると「AddToAny」の設定画面が表示されます❶。「Share Buttons」では、表示する SNS アイコンを設定できます。＜サービスの追加 / 削除＞をクリックします❷。

▶▶▶ 8-07　各ページにソーシャルボタンを設置しよう

❷
設定できるアイコンの一覧が表示されます。初期状態では、「Facebook」「Twitter」「Email」のアイコンが選択されています❶。＜Email＞をクリックして、表示するシェアボタンから削除します❷。

❸
＜Line＞をクリックして、表示するシェアボタンに追加します❶。

❹
表示するSNSアイコンが「Facebook」「Twitter」「Line」の状態になりました❶。

Chapter

8

メニューやサイドバーをカスタマイズしよう

189

5
ユニバーサルボタンは、クリックすることで全てのSNSアイコンのリストを表示します。初期状態では、デフォルトアイコンが表示される状態です❶。設定項目内の「なし」を選択すると、ソーシャルボタンからユニバーサルボタンが非表示になります。

6
シェア・ヘッダーでは、ソーシャルボタンの上に表示するテキストを設定できます。＜▼＞をクリックすると❶、テキスト入力欄が表示されます❷。空白の状態でも問題ありません。

7
ブックマークボタンの場所は、ソーシャルボタンを配置する場所を指定します❶。投稿ページ内の位置は、「下部」「上部」「上部＆下部」をプルダウンで設定できます❷。

▶▶▶ 8-07　各ページにソーシャルボタンを設置しよう

❽
今回は、投稿記事の下部のみにソーシャルボタンを表示します。下部が選択されている状態で＜投稿の下部にボタンを表示＞のみにチェックを入れ❶、他は全て外します❷。

❾
＜変更を保存＞をクリックします❶。

❿
サイト表示で確認すると、ボタンの種類や配置が変わっています❶。

Chapter 8 メニューやサイドバーをカスタマイズしよう

191

Chapter 8 Section

08 サイドバーにリンクを表示しよう

サイドバーはすべてのページに表示されるので、そのとき一番伝えたい情報を掲載することに向いています。ここでは、テキストウィジェットを使ってリンクを表示する方法を解説します。

サイドバーにリンクを表示させる2つの方法

よくあるWebサイトの構成として、サイドバーにリンク一覧やバナー画像を配置し、Webサイト内のページや外部サイトへリンクさせることがあります。サイドバーはすべてのページに表示されるので、トップページや特定の固定ページのみに情報を載せるのに比べ、多くの人に気付いてもらいやすくなります。期間限定のイベントを大々的に告知したい場合や、年末や夏期休業を伝えたい場合など、色々な用途が考えられます。

1. テキストウィジェットで対応

1つ目の方法は、「テキストウィジェット」で対応する方法です。テキストウィジェットでは、入力したテキストに対してリンクの挿入及び編集を行うことができます。

2. 画像ウィジェットで対応

2つ目の方法は、「画像ウィジェット」で対応する方法です。画像ウィジェットは、表示したい画像を設定しリンク先を指定することで画像リンクを設置できます。

今回は、「テキストウィジェット」で対応する方法を説明します。

リンクをサイドバーに配置する。

リンクを設定する

①
ウィジェット画面を表示します。を＜テキスト＞をクリックします❶。＜サイドバー＞が選ばれている状態で❷、＜ウィジェットを追加＞をクリックします❸。

②
追加したウィジェットをドラッグして、サイドバー内のトップに移動します❶。

③
＜テキスト＞をクリックし❶、詳細を開きます。＜テキスト＞タブをクリックし❷、＜ link ＞をクリックします❸。

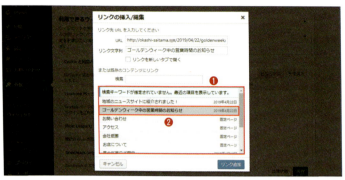

4
「リンクの挿入/編集」画面が表示されます。検索キーワードを入力していない場合は、直近に作成した投稿記事や固定ページが表示されます❶。
ここでは、リストから直近に投稿した＜ゴールデンウィークの営業時間のお知らせ＞をクリックします❷。

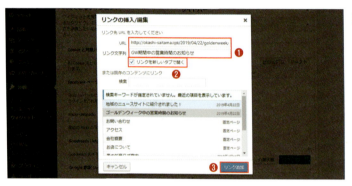

5
＜URL＞＜リンク文字＞が入力されます❶。＜リンクを新しいタブで開く＞にチェックを入れます❷。＜リンク追加＞をクリックします❸。

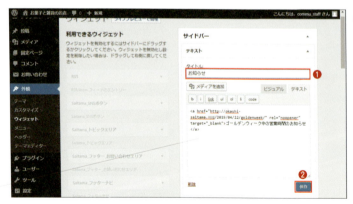

6
＜タイトル＞に「お知らせ」と入力し❶、最後に＜保存＞をクリックします❷。

7
サイト表示に切り替えて確認しましょう。設定したリンクが表示されます❶。

▶▶▶ 8-08 サイドバーにリンクを表示しよう

| column | 画像を使ったバナーリンクを表示する |

画像を使ったバナーのようなリンクを表示したい場合は、画像ウィジェット内にリンクと画像を設定します。画像はあらかじめWordPressのメディア内にアップロードしておきましょう。

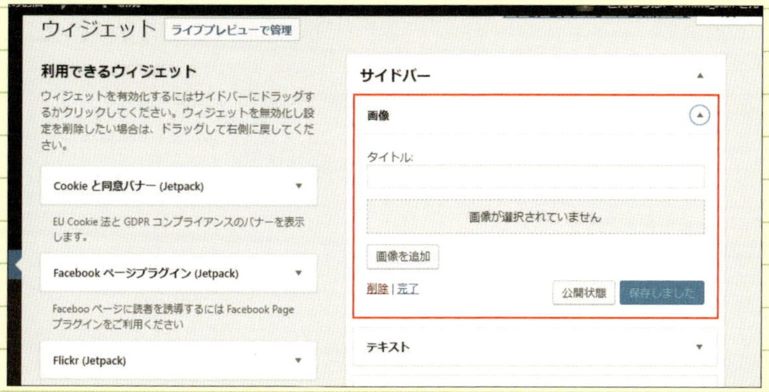

画像ウィジェットを追加する。

リンク先の設定をして保存する。

画像付きのリンクとして表示された。

Chapter 8 メニューやサイドバーをカスタマイズしよう

195

column メニューに外部サイトへのリンクを追加する

メニューに外部サイトへのリンクを追加することもできます。既存のスタッフブログや別に関連サイトがある場合など、同じサイト内のコンテンツのようにシームレスに移動させたい場合におすすめです。

外部サイトへのリンクを追加するには、「カスタムリンク」を利用します。

P.165 を参考に、＜カスタムリンク＞をクリックして、＜URL＞と＜リンク文字列＞を入力し、メニューに追加する。

別タブで開かれるようにしたい場合は、＜表示オプション＞をクリックし、＜リンクターゲット＞にチェックを入れる。

追加したメニュー項目の＜リンクを新しいタブで開く＞にチェックを入れる。

Chapter 9

ホームページの運営に役立つテクニック

ホームページは完成したら終わりではなく、そこからが運営の始まりです。ここでは運営段階で役立ついくつかのテクニックを紹介します。セキュリティやSEO、バックアップなどはすぐに成果が出るものではありませんが、イザというときのためにやっておくことをおすすめします。

Chapter 9 Section 01

メンテナンス中の お知らせを表示しよう

記事を数本投稿するぐらいならWebサイトを公開したままで問題ありませんが、大幅な構成・デザインのリニューアル中は「メンテナンス中」などの告知が必要です。そのためのプラグインの使い方を紹介します。

メンテナンス画面を表示する

リニューアルなど、Webサイト全体に大幅な変更を加えている場合、デザイン崩れやリンク切れなどの不具合が起こることがあります。そのため、変更途中の状態を見せないように、改修中は「メンテナンス中」や「工事中」といった画面を表示しておくとよいでしょう。

WordPressなら、プラグインでかんたんにメンテナンス画面を表示できます。

メンテナンス画面を表示するには、「WP Maintenance Mode」というプラグインを利用します。メンテナンス画面に表示される文章は自由に変更できます。また、管理者ユーザーでログインした状態では、メンテナンス画面は表示されず通常どおりにWebサイトを見ることができるので、改修作業を妨げることはありません。

それでは実際にプラグインをインストールして、メンテナンス画面を表示してみましょう。

プラグインをインストールする

1

管理画面で＜プラグイン＞→＜新規追加＞をクリックします❶。「プラグインを追加」画面の右上にある検索窓に「wp maintenance mode」と入力します❷。検索結果に「WP Maintenance Mode」のプラグインが表示されるので、＜今すぐインストール＞をクリックします❸。

▶▶▶ 9-01 メンテナンス中のお知らせを表示しよう

②
プラグインのインストールが完了したら、＜有効化＞をクリックします❶。

＞メンテナンス画面を有効化する

プラグインをインストールすると、管理画面のメニューに設定ページが追加されます。メンテナンス画面を出すために行う設定はそれほど難しくありません。ここではメンテナンス画面の表示に関わる基本的な部分についてのみ説明します。
まずは、管理画面から設定して、初期状態のメンテナンス画面を表示する方法を説明します。

①
管理画面のメニューで＜設定＞→＜WP Maintenace Mode＞をクリックして❶、設定画面を表示します。
＜一般＞タブの＜状態＞を「有効化」に変更します❷。他の項目はそのままで構いません。

②
下にスクロールして＜設定を保存＞をクリックします❶。これでWebサイトがメンテナンスモードに切り替わります。

3 サイト表示に切り替えても、管理者としてログインしている間はメンテナンス画面が表示されません。ユーザーメニューからログアウトします❶。

4 メンテナンス画面が表示されました。

メンテナンス画面に表示する文章を変更する

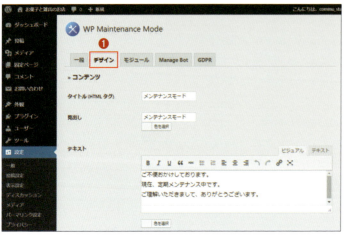

1 ＜デザイン＞タブをクリックします❶。初期状態のタイトルやメッセージが入力されています。

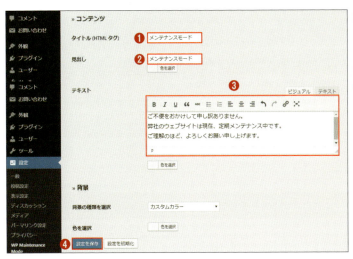

2

「タイトル（HTML タグ）」は、ページのタイトルです❶。「見出し」は大見出しとして表示されるタイトル文です❷。見出しには、色を設定することができます。「テキスト」は、本文として表示される文章です❸。ここでは、本文の内容を更新しました。変更を保存するために、＜設定を保存＞をクリックします❹。

3

ログアウトした状態で Web サイトに切り替え、表示を確認します。＜デザイン＞タブでは、メンテナンス画面の背景や文字色なども変更できるので、好みの状態にカスタマイズしてみてください。

検索エンジンがサイトをインデックスしないようにする

メンテナンス中の状態を検索エンジンにインデックス（検索対象として検索エンジンのデータベースに登録）されてしまうのは避けたいので、設定を切り換えておきましょう。同様の設定は標準の＜一般設定＞からも行えますが、WP Maintenace Mode 側の設定ならメンテナンス画面を表示されている間だけインデックスされないようになるので便利です。

左ページの方法で＜一般＞タブを表示し、＜Robots Meta タグ＞を「noindex, nofollow」に変更する。

Chapter 9 Section 02 プラグインを使ってセキュリティ対策をしよう

WordPressはセキュリティ対策を行わずに使用していると、さまざまな危険にさらされます。ここでは「SiteGuard WP Plugin」を使った対策について説明します。

ホームページを危険から守るには

WordPressは世界中で人気のあるCMSですが、利用者が非常に多いことに加えプログラムが公開されている（オープンソース）ため、ハッカーの標的になりやすいといったデメリットがあります。Webサイト上に何かしらセキュリティ上の問題を発見したら、その脆弱性を利用してWebサイトを改ざんしたり、保存されている個人情報を不正に取得したりします。そのため、サイト運営者は自らセキュリティ対策を講じる必要があるのです。

セキュリティ対策とひと口にいってもその方法はさまざまなものがあります。基本的なところでは、WordPress本体やテーマ・プラグインを常に最新の状態にしておくことや、不要なプラグインは削除しておくことが挙げられます。少し高度になると、ファイルや管理画面へのアクセス制限をかける方法もあります。今回はかんたんに利用できるプラグインを利用し、WordPressのセキュリティ対策を行っていきましょう。

セキュリティ対策のプラグインはいくつかありますが、ここではロリポップの「簡単インストール」機能を利用したときに初めからインストールされている「SiteGuard WP Plugin」を紹介します。このプラグインは、おもに管理ページとログインに関する攻撃からの防御に特化したセキュリティプラグインです。多くの機能を持っていますが、今回は初期状態で有効化されている機能の設定について説明します。

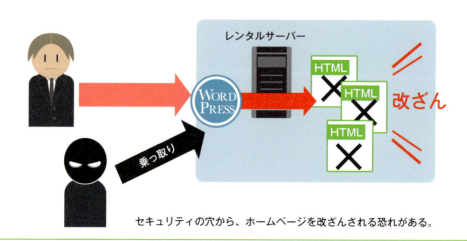

セキュリティの穴から、ホームページを改ざんされる恐れがある。

プラグインをインストールする

1
＜プラグイン＞→＜新規追加＞を クリックします❶。「プラグインを 追加」画面の右上にある検索窓に 「siteguard」と入力します❷。検索結 果に「SiteGuard」のプラグインが表 示されるので、＜今すぐインストール＞ をクリックします❸。

2
プラグインのインストールが完了した ら、＜有効化＞をクリックします❶。

3
有効化が終わると、インストール済み プラグイン一覧の画面に戻り、管理画 面のメニューに＜SiteGuard＞が追 加されます。また、有効化した時点で、 WordPressのログインページのURL が自動的に変更されます。＜新しいロ グインページURL＞をクリックして みましょう❶。

4
ログインページのURLを確認し、忘 れないようブックマークに登録してお きましょう❶。再度変更する方法や初 期状態に戻す方法は次ページで解説し ます。

SiteGuardの設定状況を確認する

メニューの＜ SiteGuard ＞をクリックすると、SiteGuard WP Plugin のダッシュボード画面が表示され、現在設定されている機能を確認することができます。
緑のチェックが付いているものが有効になっている機能です。基本的には初期設定の状態で大きな問題はありません。機能名のリンクをクリックすることで各機能の設定画面が表示されます。
また、ページ下部にログイン履歴が表示されており、ログインの成功／失敗を問わず、ログインしようとしたユーザーのユーザー名、日時、ログイン結果、接続元 IP アドレスを自動的に記録してくれます。

「ダッシュボード」画面

ログインページの URL を変更する

「ブルートフォース攻撃」や「リスト攻撃」と呼ばれる、不正ログインを試みる攻撃を受けにくくするための機能です。WordPress のログインページの URL は通常「https:// ドメイン /wp-login.php」ですが、これを任意の URL に変更することで、管理者以外がログインページにアクセスする可能性を減らします。URL を変更した場合は、新ログイン URL のお知らせメールが管理者宛に送信されます。
機能を無効化したい場合は、＜ OFF ＞をクリックしてください。

「ログインページ変更」画面

画像認証を追加する

不正にログインを試みる攻撃や、コメントスパムを受けにくくするための機能です。ログインページやホームページ上のコメント投稿時に、ユーザー名とパスワードに加えて認証を1つ追加することで、機械的な攻撃を受けにくくすることができます。画像認証の文字は、ひらがなと英数字が選択できます。一般的に不正な攻撃は海外からのアクセスが多いため、海外に向けたホームページでない場合は、ひらがなを設定しておくとよいでしょう。

「画像認証」画面

ログインページの画像認証

ログイン詳細エラーメッセージを無効化する

ユーザー名を調査する攻撃を受けにくくするための機能です。通常はログインに失敗すると失敗の理由が詳しく表示されるため、それを手がかりにしてユーザー名を推測されてしまう可能性があります。この機能を有効にすることで、ログインに関するエラーメッセージがすべて同じ内容になり、ユーザー名を推測されにくくします。

「ログイン詳細エラーメッセージの無効化」画面

ログインに失敗したユーザーをロックする

同じIPアドレスからのアクセスで指定期間内に指定回数ログインに失敗した場合、その接続元IPアドレスをロックします。不正ログインを試みる攻撃の中でもパスワードを総当たりで試すような機械的な攻撃を防ぐことができます。

「ログインロック」画面

ログインがあったことをメールで通知する

不正なログインに気づきやすくするための機能です。ログインすると、そのユーザーが登録しているメールアドレス宛てにメールが送信されます。ログインした心当たりがないのにメールが送られてくることで、不正なログインにいち早く気づくことができます。

「ログインアラート」画面

ピンバックを無効化する

ピンバックによる不正な攻撃を防ぐための機能です。ピンバックとは、記事にサイトのURLを書くと、WordPressが自動的にリンクが張られたことを該当のサイトへ通知をする機能です。この機能を悪用することで、第三者のサイトに対し大量の負荷をかけてサーバーをダウンさせるという攻撃があります。ピンバック機能を無効にすることで、結果的に自分のサイトが攻撃の踏み台として悪用されることを防ぎます。

「XMLRPC防御」画面

WordPress、プラグイン、テーマの更新を通知する

セキュリティ対策としては、WordPressやプラグインを常に最新バージョンに更新することも重要です。SiteGuardの更新通知機能をオンにすると、WordPress、プラグイン、テーマの更新が必要になった場合に、管理者宛てにメールで通知されます。

「更新通知」画面

WordPressを最新状態に更新するには、<ダッシュボード>→<更新>をクリックして❶、<今すぐ更新>をクリックする❷。

Chapter 9 Section

03 手軽にSEOをしよう

Googleなどの検索エンジンで見つけてもらいやすくするSEOも、プラグインを使えばかんたんに設定できます。各ページのタイトルや説明などを設定し、検索結果に表示されるようにしましょう。

WordPressサイトでもSEOは重要

WebサイトのSEO（検索エンジン最適化）は非常に重要です。今や多くの人がインターネットを活用して何かしらの情報を探しています。その際、ほとんどの人がGoogleなどの検索エンジンを利用していることでしょう。

検索をした結果、検索エンジンに掲載される情報が適切でなかったり曖昧なものであったりすると、訪問したユーザーの期待を裏切り、すぐにサイトから離脱されてしまったり、そもそも検索結果に表示されないといったこともあり得ます。検索エンジンに掲載される情報を最適化し、検索エンジン経由でのWebサイト訪問者を獲得しやすくしましょう。

ここでは、Saitama Addon Packの「GA & SEO設定」を利用して、各ページの説明やキーワードを設定していきます。P.173を参考に、あらかじめSaitama Addon Packをインストールして有効化しておいてください。

Googleの検索結果

メタディスクリプション（説明文）として設定した文章は、検索結果に表示されるので、検索したユーザーに適切に情報を伝えることができる。

▶▶▶ 9-03 手軽にSEOをしよう

ページ全体のキーワードと説明文を入力する

1
まずは、ページ全体で使われるキーワードと説明文を入力します。
管理画面で、＜Saitama Addon Pack＞をクリックし❶、＜GA&SEO設定＞をクリックします❷。

2
＜メタキーワードを出力する＞にチェックを入れ❶、関連するキーワードをカンマで区切って入力します❷。ただし、現在Googleはキーワードを参考にしないと公表しているので、方針が変わったときのために入力しておく補助的なものと考えてください。

3
＜メタディスクリプションを出力する＞にチェックを入れ❶、説明文を入力します❷。これでページ全体の設定は完了したので＜変更を保存＞をクリックします❸。

ページごとの説明文を設定する

＜GA & SEO設定＞の画面で＜メタキーワードを出力する＞や＜メタディスクリプションを出力する＞にチェックを入れると、投稿記事や固定ページの編集画面にもメタキーワードとメタディスクリプションを入力する項目が追加されます。

すべてのページでディスクリプションを書く必要はありませんが、「会社概要」や「アクセス」といった重要なページには設定しておくことをおすすめします。

❶ メタディスクリプションを設定したい固定ページの編集画面を開きます❶。

❷ 文章を入力する欄の下に＜メタキーワード＞と＜メタディスクリプション＞の入力欄が追加されています❶。

❸ ＜メタディスクリプション＞にそのページの説明文を入力します❶。

9-03 手軽にSEOをしよう

4
<更新>をクリックすると、設定が反映されます❶。

column 正しいSEOの知識も必要

SEOの効果というものはすぐに出るものではありません。長期的にじっくりと取り組む必要があります。また、今回紹介した内容はWordPressを用いて構築されたWebサイトでSEOを行う際に、比較的手軽に対策を行える方法です。サイト運営者自身にも「正しいSEOの知識」が必要です。SEOについてよくわからないという方は、SEO関連の書籍などを購入し、きちんと勉強することをおすすめします。

Google ウェブマスター向け
公式ブログ
https://webmaster-ja.googleblog.com/
GoogleがWebサイトの運営者向けに公開しているブログ。SEOに関する情報源では最も確実なものだ。

Chapter 9 Section 04 WordPressのデータをバックアップしよう

Webサイトやブログが消えるようなトラブルが起きても、バックアップファイルがあればサイトを復旧できます。万が一の場合に備えて、定期的にバックアップを取るようにしましょう。

BackWPupプラグイン

あなたのWebサイトがある日突然すべて消えてしまった、今までの苦労が水の泡、といった事態を防ぐためにも、日頃から定期的にバックアップを取っておくことは大切です。データの消失だけでなく、万が一Webサイトにトラブルが発生し、管理画面にアクセスできなくなった、何も表示されなくなったなどというときにも、バックアップを取っておけばすぐに復旧させることができるでしょう。ここでは、「BackWPup」プラグインを利用してバックアップを取る方法をご紹介します。

WordPressでは、画像ファイルやテーマ・プラグインといったサーバー上のデータと、記事や設定情報などデータベース上のデータの2種類のデータを扱っています。「BackWPup」を使うと、サーバー上とデータベース上の2つのデータを安定してバックアップすることができます。また、バックアップ先としてメール送信だけでなく、Dropboxなどのクラウドストレージを利用することもできます。それではプラグインをインストールし、使い方を見ていきましょう。

プラグインをインストールする

❶
＜プラグイン＞→＜新規追加＞をクリックします❶。「プラグインを追加」画面の右上にある検索窓に「backwpup」と入力します❷。検索結果に「BackWPup」のプラグインが表示されるので、＜今すぐインストール＞をクリックします❸。

▶▶▶ 9-04　WordPressのデータをバックアップしよう

❷
プラグインのインストールが完了したら、＜有効化＞をクリックします❶。

❸
プラグインが有効化されると、メニューにBackWPupの項目が追加されます❶。
PHPやWordPressのバージョンなどのデータ収集の同意を求められます。個人データは収集されませんので、＜Yes,I agree＞（同意する）をクリックします❷。同意しなくても使うことはできますが、ダッシュボード画面などで同意を求める表示が出ます。

バックアップジョブを作成する

「BackWPup」ではバックアップ設定のことを「ジョブ」と呼びます。ジョブを作成し、各項目を設定していきましょう。
なお、BackWPupにはバックアップを復元する機能はなく、バックアップデータを使って自分で復元する必要があります。P.220で復元の流れを紹介しているので、先にそれを確認してから、BackWPupを利用するかどうかを決めてください。

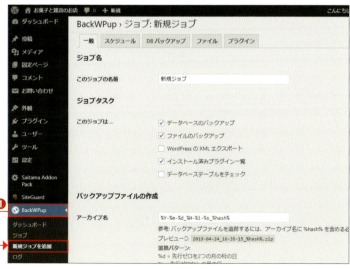

❶
管理画面で＜BackWPup＞→＜新規ジョブを追加＞をクリックすると❶、ジョブの追加画面が表示されます。

213

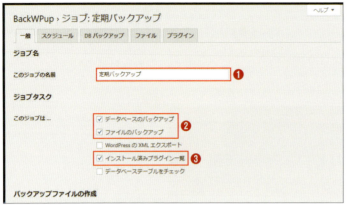

❷
「このジョブの名前」にわかりやすい名前を入力します❶。
「ジョブタスク」で＜データベースのバックアップ＞と＜ファイルのバックアップ＞にチェックを付けます❷。＜インストール済みのプラグイン一覧＞はインストールしているプラグインの一覧を出力します❸。必須ではありませんが、インストールしているプラグインを一目で確認できるので便利です。

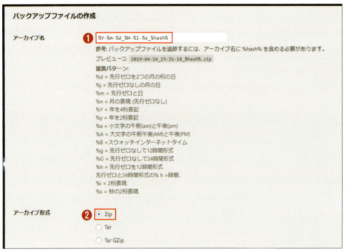

❸
「アーカイブ名」はバックアップファイルの名前ですが、これはデフォルトのままでOKです❶。「アーカイブ形式」はファイルの圧縮形式で、解凍可能であればどれでも構いません。Windowsユーザーなら「Zip」を、Macユーザーは「Tar GZip」を選ぶとよいでしょう❷。

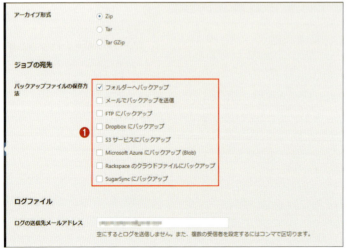

❹
「ジョブの宛先」でバックアップファイルの保存先に使用したいものにチェックを付けます❶。＜フォルダーへバックアップ＞＜FTPにバックアップ＞＜Dropboxにバックアップ＞などから使いやすいものを選ぶとよいでしょう。＜メールでバックアップを送信＞はメールの容量制限でトラブルが起きることがあるのであまりおすすめしません。なおクラウドストレージサービスを指定する場合は、各サービスへの登録が必要となります。

❺

＜ログの送信先メールアドレス＞に
バックアップログの送信先メールアド
レスを入力します❶。エラーが起きた
ときだけメールで通知されるようにし
たい場合は、＜ジョブの実行中にエ
ラーが発生した場合にのみログをメー
ルで送信＞にチェックを付けます❷。
設定が済んだら＜変更を保存＞をク
リックし、ジョブを保存します❸。

ジョブの実行スケジュールを設定する

次に＜スケジュール＞タブでジョブを定期的に自
動実行するように設定します。一般的にはアクセ
スが少なくサーバー負荷の少ない深夜などの時間
帯を指定します。頻度に関してもあまりに多いと
サーバー負荷がかかってしまうため、Web サイ
トの更新頻度などを考慮して必要最低限にしてお
きましょう。

❶
上記の手順の続きです。＜スケ
ジュール＞タブをクリックし❶、
＜ WordPress の cron ＞を選択しま
す❷。これはジョブをスケジュールど
おりに実行する機能です。

❷
スケジュールの頻度や時間を設定しま
す。
「スケジューラーの種類」で＜基本＞
を選択します❶。
「スケジューラー」で毎月（月ごと）
～毎時（一定時間ごと）の中から、バッ
クアップを取る頻度を選び❷、実行す
る日や時間を選びます❸。
＜変更を保存＞をクリックして保存し
ます❹。

バックアップの対象とするテーブルを選択する

❶ 前ページの手順の続きです。＜DBバックアップ＞タブをクリックし❶、バックアップの対象とするデータベーステーブルを選択します。バックアップしたファイルのサイズは小さいので、＜すべて＞をクリックしてすべてのテーブルにチェックを付けます❷。
＜バックアップファイル名＞はデフォルトのままで構いません。
ファイルサイズを小さくするために、＜バックアップファイルの圧縮＞で＜Gzip＞を選択します❸。
最後に＜変更を保存＞をクリックします❹。

バックアップの対象とするファイルを選択する

＜ファイル＞タブをクリックし、バックアップを取得するファイル・フォルダ、除外するファイル・フォルダを指定します。バックアップから除外すべきファイルや「BackWPup」プラグイン自体のバックアップはすでに除外されているので、デフォルトのままで問題ありません。使用していないテーマに関しては除外対象としてもよいかもしれません。
＜プラグイン＞タブでは、プラグインのリストを保存するファイル名を設定します。ここもデフォルトのままで構いません。

＜ファイル＞タブ

＜プラグイン＞タブ

バックアップファイルの保存先を設定する

＜宛先：○○＞タブの設定内容は、＜一般＞タブの＜ジョブの宛先＞で指定した保存先（P.214参照）によって変わります。今回は＜フォルダーへバックアップ＞を指定した場合の設定内容を説明します。この設定ではレンタルサーバー内のフォルダの中にバックアップファイルを保存します。

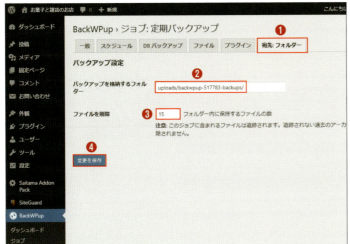

❶ 左ページの手順の続きです。＜宛先：フォルダー＞タブをクリックします❶。＜バックアップを格納するフォルダー＞にはバックアップを格納するフォルダを指定します。デフォルトのままで構いません❷。＜ファイルを削除＞では保管するバックアップファイルの数を指定します❸。3ヶ月～半年分程度保存できる数にしましょう（例えば2週に1回のバックアップ頻度で3ヶ月分残すなら7～8が目安です）。最後に＜変更を保存＞をクリックします❹。

作成したジョブの確認とバックアップの実行

❶ メニューの＜ジョブ＞をクリックすると❶、設定したバックアップの内容を確認できます。ジョブにマウスポインタを合わせて＜今すぐ実行＞をクリックすると❷、スケジュールの実行日時前でも即時バックアップが実行されます。

❷ バックアップの過程が表示されます❶。

❸ 「ジョブ完了」と表示されたらバックアップ成功です❶。

❹ ＜BackWPup＞→＜ログ＞をクリックすると❶、実行結果を確認できます。

バックアップファイルをダウンロードする

サーバー上にバックアップファイルを保存する場合、万が一サーバーに障害が発生しデータが消失してしまったときのリスクを回避するために、サーバー上のバックアップファイルを手動でローカル環境にダウンロードしておくようにしましょう。

管理画面で＜ BackWPup ＞→＜バックアップ＞をクリックすると、補完されているバックアップファイルの一覧が表示されます。該当のファイルにマウスポインターを合わせて＜ダウンロード＞をクリックすると、バックアップファイルをローカルにダウンロードできます。

バックアップ画面。ここからファイルをダウンロードできる。

ダウンロードしたバックアップファイルを解凍した状態。

column　データベースをすばやくバックアップする

データベースのみをすばやくバックアップする必要がある場合は、＜ BackWPup ＞→＜ダッシュボード＞をクリックして、＜データベースのバックアップをダウンロード＞をクリックするだけで、データベースのバックアップが取られダウンロードされます。

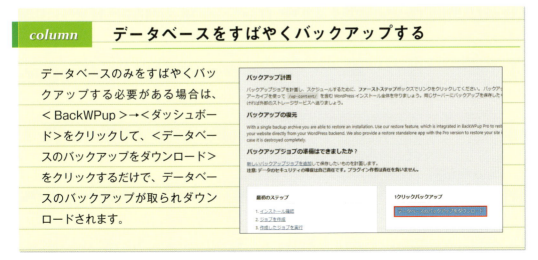

バックアップファイルから元のサイトを復旧するには？

バックアップを取っていても、元の状態に復旧できなければ意味がありません。
BackWPUpで作成したバックアップファイルをもとにWebサイトを復旧するには、WordPressの再インストール、FTPソフトでのファイルアップロード、データベースへのデータインポートといった、それなりの知識を必要とする操作を行うことになります。
データベースの操作に自信がない場合は、専門家に依頼したほうがよいかもしれません。

また、レンタルサーバー会社によってはバックアップサービスを提供していることもあり、そちらを使用したほうが、復元を比較的かんたんに行える場合もあります。たとえばロリポップの場合、「バックアップオプション」に加入しておくと、Webサーバーとデータベースサーバーのバックアップが行われ、復旧もロリポップの管理画面からかんたんに行うことができます。

ロリポップのバックアップオプション申し込みページ

Appendix

付録

ここでは、第1章〜第9章では書けなかったさまざまな疑問への回答や、テクニックを紹介します。

Appendix Section 01 イメージどおりの写真素材を探すには？

記事を作成する際は、写真やイラストを適度に挿入しましょう。文字ばかりになると「読みにくい」という印象になり、内容まで興味を持ってもらえません。使用する素材は自身で撮影・作成してもよいのですが、準備が大変だったり補正が必要だったりします。既存の素材を上手に利用することで手軽に高品質な雰囲気を作ることもできます。

インターネット上には写真・イラスト素材がまとめられている素材配布・販売サイトがありますが、自分のイメージにぴったり合うものが出てこず素材探しに相当な時間を費やしてしまったり、ようやく見つけ出した画像の利用規約がわからなかったりということもあります。そんな手間を少しでも軽減できるよう、いくつかのコツをご紹介します。

1. キーワードを掛け合わせる

1つのキーワードによる検索では、思い描いているものになかなか辿り着けないことが多いです。そんなときは、探している画像に合ったキーワードを複数列挙して検索するようにしましょう。ただし、キーワードの数が多すぎると絞り込まれすぎて逆に見つからないこともあるので、2、3個程度にしておきましょう。

2. カテゴリで探す

ほとんどの素材提供サイトはカテゴリ別で検索できるようになっています。欲しい素材が人物なのか、自然なのか、街並みなのかを考え、それに合ったカテゴリーで絞り込みましょう。

3. キーワードを英語にする

同じキーワードでも、英語に置き換えてみると検索にひっかかる場合があります。英語にすれば海外の素材サイトも検索対象に含まれます。それでも見つからない場合は、そのキーワードから連想される言葉で検索してみましょう。

4. 類似画像検索

すでに持っている画像と似ている画像を検索する方法です。Google画像検索で検索できる他、そういった検索サービスを提供しているWebサイトもあります。

なお、外部サイトの素材を利用する際は、「商用利用」「改変」「ロイヤリティ」「再配布」といった著作権に関する規約や、「肖像権」などについて充分に注意しましょう。Googleの画像検索で表示された画像をそのまま使ったり、素材提供サイトのウォーターマーク（透かし）が入っている写真をそのまま使うようなことはNGです。また、外部サイトの素材を使いすぎると、どこかで見たことのあるようなWebサイトになってしまいます。自分で用意したものと組み合わせることで、オリジナリティのあるWebサイトにしていきましょう。

Appendix Section 02 ネットショップを設置するには？

WordPressを使ってネットショップを開設するにはいくつか方法があります。スキルレベルやショップの規模などに合わせた方法を選択してください。

1. プラグインを利用する

1つ目はネットショップを開設するためのプラグインをWordPressに組み込む方式です。無料なら「WooCommerce」、「Welcart」など、有料では「CMS × WP ネットショップ管理プラグイン」などがあります。無料のものでもショッピングカートなど、購入や決済のための機能はたいてい持っています。有料のプラグインではネットショップに必要な機能一式に加えて、問題発生時のサポートも受けられます。

プラグインを利用する方式は、自分でさまざまなカスタマイズをして管理できる点がメリットですが、HTML、CSS、PHP、セキュリティなど広範な知識が必要です。

2. 購入機能のみ外部サービスを利用する

決済やSSL対応といった難しい部分はわからないが、HTML、CSSなどの知識がある場合は、購入機能のみ外部サービスを利用する方法もあります。商品ページ以外のコンテンツも充実させ、購入までの導線が用意されたサイトを構築したい場合などによいでしょう。「e-shops カート S」や「SHOP-Maker」などのサービスがあり、提供されるHTMLをWordPressに埋め込むだけでネットショップを開設できます。

3. WordPressサイトとネットショップは分ける

専門的な知識がまったくない場合は、ネットショップは専用のサービス（カラーミーショップ、Stores.jp、BASEなど）を利用して開設し、WordPressサイトはコンテンツを充実させ集客に利用する、という分割形式があります。

プラグインを利用したショッピングカート

Appendix Section 03 ページをパスワード制にするには？

WordPressには、投稿記事や固定ページに任意のパスワードを設定して閲覧制限をつける機能が標準搭載されています。簡易的な閲覧制限でよい場合は、この標準機能を利用してパスワード付きページを作成しましょう。

それでは実際に記事やページにパスワードを設定する方法を説明します。

投稿やページを編集する画面の文書パネル内に「公開状態」の項目があります。＜公開＞をクリックすると、公開状態を設定することができます。この中から＜パスワード保護＞を選択すると、パスワードを入力するフィールドが表示されるので、任意のパスワードを設定してください。

この状態で記事を公開すると、パスワード保護された記事やページが公開されます。

文書パネル内の「公開状態」の＜公開＞をクリックし、＜パスワード保護＞を選択してパスワードを設定する。

パスワード保護したページを開くと、パスワードを入力する欄が表示される。ここに先ほど設定したパスワードを入力すると記事の内容が表示される。

Appendix Section 04 ファビコンを設定するには？

ファビコン（FAVorite ICON）とは、Webブラウザのブックマークリストやウィンドウアイコン、タブアイコンとして表示されるアイコンのことです。一般的には16×16ピクセル、または32×32ピクセルのICO形式が用いられています。また、スマートフォンなどのモバイル端末向けに設定する場合もあります。現在では多くのWebブラウザがICO形式の他に、GIF、PNG形式でも表示されるようになっていますが、推奨はICO形式のファイルです。ICO形式のファイルを用意するには、GIF、PNG形式のファイルを変換してくれる無料サービスを使います。以下ではエーオーシステム（https://ao-system.net/favicon/）のサービスを紹介します。

ファビコン変換サービスを提供しているWebサイト（上記参照）を表示し、アイコンの画像ファイルをアップロードする。
＜favicon.ico作成＞をクリックするとICO形式のアイコンファイルがダウンロードできる。

Saitama Addon Packの設定画面で＜デザイン設定＞タブを選択し、＜ファビコン＞にICO形式の画像を指定する。

Appendix Section 05 アイキャッチ画像に初期画像を設定するには？

アイキャッチ画像は、記事を代表する画像としてトップページなどに表示されるものですが、設定していない場合、Saitamaテーマでは「No Image」という画像が表示されます。もしアイキャッチ画像を設定していない記事が多く、「No Image」が並んでしまう場合にはデフォルトアイキャッチ画像を設定しましょう。「No Image」の代わりに指定した画像が表示されます。お店や会社のロゴを設定しておくのもおすすめです。

Saitama Addon Packの設定画面で＜デザイン設定＞タブを選択し、＜デフォルトアイキャッチ画像＞に画像を指定し、＜変更を保存＞をクリックして保存する。

アイキャッチ画像を設定していない記事には、デフォルトアイキャッチ画像が表示される。

Appendix Section 06 コメント欄を閉じるには？

記事のコメント欄は運営者とお客様を直接つなぐ有効なコミュニケーション手段ですが、窓口をフォームやSNSに一本化したい場合は、P.228で解説するスパムコメントや、運営の手間を考慮し閉じておいたほうがよいでしょう。投稿済みの記事の場合は、記事ごとにコメントの投稿を許可するかどうかを設定する必要があります。

今後追加する記事でも、初期状態でコメント欄を閉じておきたい場合はディスカッション設定画面で設定します。

投稿済みの記事のコメント欄を閉じる

投稿済み記事のコメント欄を閉じる場合は、編集画面の文書パネル内の「ディスカッション」の設定を変更する。＜コメントを許可＞のチェックを外す。

新規記事のコメント欄を閉じる

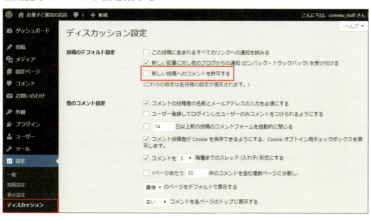

今後作成する記事のコメント欄を閉じておきたい場合は、＜設定＞→＜ディスカッション＞をクリックして設定画面を表示し、＜新しい投稿へのコメントを許可する＞のチェックを外してページ下部にある＜変更を保存＞をクリックする。

Appendix

Section 07

スパムコメントを防ぐには？

記事のコメント欄に、無関係な広告などのコメントを貼られてしまうことがあります。このようなコメントのことを「スパムコメント」と呼びます。危険なマルウェアを含むサイトや、アダルトサイトへ誘導するリンクのコメントが投稿されることもあるので、放置してはいけません。

スパムコメント対策の代表的なプラグインに「Akismet」があります。WordPressの初期状態でインストールされており、非商用の個人ユーザーであれば無料で利用できます。商用のWebサイトで利用する場合は有料なので、予算に応じてAkismetを導入するか、コメント欄を閉じること（P.227参照）を検討しましょう。

Akismetを利用するには、プラグインを有効化してから、AkismetのサイトでアカウントをWebサイトを作成してAPIキーを取得します。あとはプラグインの設定画面に戻ってAPIキーを入力すれば、自動的にスパムコメントを分別してくれます。

手順が少し複雑なので、無料のPersonalプランでの利用の流れを説明します。

プラグインを有効化後、プラグイン画面に表示される＜Akismetアカウントを設定＞か、Akismet設定画面の＜APIキーを取得＞をクリックして、Akismetのサイトに移動。

メールアドレスを入力し、ユーザー名とパスワードを決めてアカウントを作成する。

利用するプランを選択（ここではPERSONALプランを選択）。

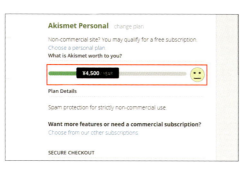 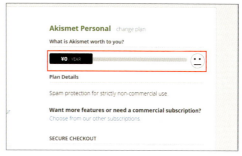

右のスライダをドラッグして支払額を設定し(無料も可)、有料の場合はクレジットカード情報を入力。

< AKISMET API KEY >をコピーする。

WordPressに戻ってAkismetの設定画面でAPIキーを入力して登録すると、スパム対策に関する設定を行えるようになる。

Appendix Section 08　SNS 向けの OG タグを設定するには？

Facebook や Twitter などの SNS に URL を投稿したときに、投稿文の下にホームページのタイトルや説明、画像などが自動的に表示されるのを見た経験はないでしょうか？
このときに表示される文や画像をコントロールする設定が「OG タグ」と「OGP 画像」です。このような仕組みを「OGP（Open Graph protocol）」と言います。これらを設定していなくても、SNS 側がホームページ内の情報を使って自動的に表示してくれるのですが、会社のロゴやお店の外観写真などを設定しておけば、さらに強い印象を残して集客に役立てることができます。
なお、Saitama テーマでは一般設定の「サイトのタイトル」と「キャッチフレーズ」が OG タグのタイトルと説明に使われます。

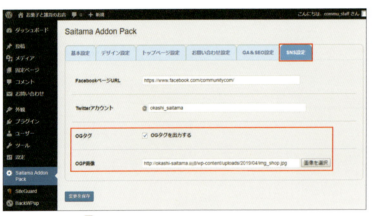

Saitama Addon Pack の設定画面で＜ SNS 設定＞タブを選択し、＜ OG タグを出力する＞にチェックを入れて、＜ OGP 画像＞に画像を設定する。

誰かが Facebook にホームページの URL を投稿すると、ホームページの説明と画像が自動的に表示されるようになる。

Appendix Section 09 Googleアナリティクスでアクセス解析するには？

Google アナリティクス（https://www.google.com/analytics/web/?hl=ja）は、Google が無料で提供するWeb サイトのアクセス解析サービスです。このサービスを利用することで「サイト訪問者の数」「1 ページ当たりの訪問数」「どこからやってきたのか」など、アクセスに関するさまざまなデータを取得し、詳しく分析することができます。もしプロに集客のアドバイスを相談することになった際にも参考にすることができます。

Saitama Addon Pack を利用することで、Google アナリティクスの利用に必要なトラッキング ID の設定をかんたんに行うことができます。Google アナリティクスの利用方法は本 1 冊になるほど複雑なので本書では割愛しますが、WordPress 側で必要な設定は「トラッキング ID」を登録するだけです。

Google アナリティクスの利用準備が整った状態で、＜管理＞→＜トラッキング情報＞→＜トラッキングコード＞とクリックしていくと、トラッキング ID が確認できる。

Saitama Addon Pack の設定画面で＜ GA&SEO 設定＞タブを選択し、＜ Google アナリティクス＞に UA- に続くトラッキング ID を入力する。

Appendix Section 10 定型の文章や画像を複数のページで使うには？

定型の文章や画像、バナーなどのデザインパーツを複数のページで使いたい場合は、「再利用ブロック」が便利です。
項目を「再利用ブロック」として一度登録してしまえば、どの投稿にも追加できます。また、登録されている元の「再利用ブロック」を編集すれば、ホームページ内で利用している同じ「再利用ブロック」も一度に更新されます。各記事やページで利用している「再利用ブロック」は直接編集できないため、複数人でホームページを管理している場合などでは「誤って消してしまった！」といったミスも防げます。

複数ページで再利用したい。

再利用ブロックにしたいブロックを選択します。複数のブロックを選択する場合は、[Shift]キーを押しながらすべてのブロックをクリックします。＜詳細設定＞→＜再利用ブロックに追加＞をクリックします。
再利用ブロックの名前を入力し保存します。

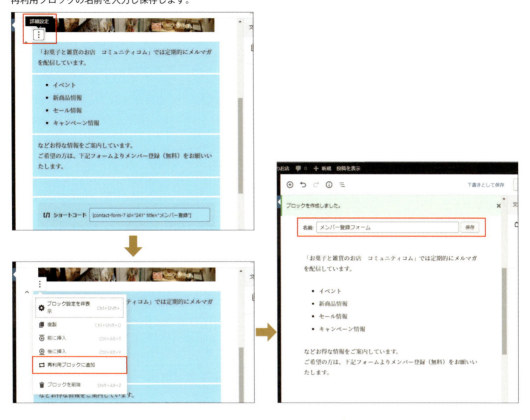

再利用ブロックを挿入するには、＜ブロックの追加＞→「再利用可能」内から追加したい再利用ブロックを選択します。再利用ブロックを編集する場合は、＜すべての再利用ブロックを管理＞をクリックすると、管理ページで削除や編集ができます。

Appendix Section 11

SNSの投稿を記事に追加するには？

「埋め込み」タイプのブロックを使うと、各種SNSの投稿や動画サイトの動画などを記事に埋め込むことができます。
ブロックを追加する際に、「埋め込み」内から記事に埋め込みたいサービスのブロックを選択します。追加したブロックにSNSの投稿のURLを設定するだけで表示できます。なお、SNSごとに投稿のURLを取得する方法は異なります。

＜ブロックの追加＞→「埋め込み」内の＜Instagram＞をクリックする。投稿のURLを入力し、＜埋め込み＞をクリックする。埋め込みたい内容が表示されたら、公開する。

索引

記号
.co.jp ·· 33, 35, 52
.com ·· 52

数字
1 ページに表示する最大投稿数 ················· 107

A
AddToAny Share Buttons ·························· 187
Akismet ··· 144, 228

B
BackWPup ·· 212

C
CMS ·· 21, 38
Contact Form 7 ······································ 146

D
DNS ··· 35
Dropbox ·· 212

E
e-shops カート 2 ····································· 223

F
Facebook ·································· 182, 230, 234
FTP ソフト ·· 19

G
GA&SEO 設定 ································· 209, 231
Google ·· 107, 208
Google MAP ·· 138
Google アナリティクス ················· 57, 172, 231
Google ウェブマスター向け公式ブログ ······· 211

H
Hello Dolly ·· 144
HTML ·· 139, 140

I
ICO 形式 ··· 225
Instagram ··· 234

L
LINE ··· 189

O
OGP 画像 ·· 230
OG タグ ·· 230

P
PAKUTASO ··· 18

R
RSS ウィジェット ···································· 168

S
Saitama_SNS ボタンウィジェット ············· 182
Saitama_ 最近の投稿ウィジェット ············· 180
Saitama_ トピックエリアウィジェット ······· 177
Saitama_ フッター _ お問い合わせエリアウィジェット ····· 179
Saitam Addon Pack ················· 59, 172, 182, 208
Saitama テーマ ·································· 56, 60
SEO ······································· 57, 172, 208
SHOP-Maker ··· 223
Simple Map ·· 142
SiteGuard WP Plugin ······························ 202
SNS ·· 172, 230
SNS 設定 ·· 182
Stores.jp ··· 223

T
Twenty Nineteen ······································ 54
Twitter ··· 182, 230
Twitter ウィジェット設定ページ ··············· 183

U
URL ···························· 32, 101, 175, 196, 203

W
Welcart ·· 223
WooCommerce ······································· 223
WordPress ·· 20
WordPress アドレス ································· 48
WordPress 簡単インストール ················ 31, 38
WordPress の更新 ··································· 207
WP Maintenance Mode ··························· 198
WP Multibyte Patch ································ 145

あ
アーカイブ ·· 171
アーカイブウィジェット ··························· 168
アーカイブページ ······························· 77, 108
アイキャッチ画像 ······················· 104, 172, 226
アクセス解析 ···································· 57, 231
アクセスページ ······································· 138

い
イタリック ·· 92
一般（管理画面）································· 45, 48
インターネットサービスプロバイダ ············· 52

235

■う
ウィジェット ……………………………… 59, 168, 177
ウィジェットの追加・削除 ……………………… 169
打消し線 ……………………………………………… 92

■お
オーバーレイ ……………………………………… 118
オープンソース …………………………………… 202
お問い合わせフォーム …………………………… 146
お問い合わせ先 …………………………………… 179

■か
外観 ………………………………………………… 45
改ざん ……………………………………………… 202
会社概要 …………………………………………… 134
外部サイトへのリンク …………………………… 196
改ページブロック ………………………………… 128
箇条書き …………………………………………… 95
箇条書きリスト …………………………………… 92
カスタマイザー ………………………………… 58, 62
カスタム HTML ブロック ………………………… 140
カスタム URL ……………………………………… 89
カスタムメニューウィジェット ………………… 168
カスタムリンク …………………………… 165, 196
画像ウィジェット ………………………………… 195
画像サイズ ………………………………………… 88
画像処理ソフト …………………………………… 19
画像付きリンク …………………………………… 195
画像にリンクを設定 ……………………………… 91
画像認証 …………………………………………… 205
画像のアップロード ………………………… 62, 73, 86
画像の切り抜き …………………………………… 64
画像の初期サイズ ………………………………… 91
画像ブロック ………………………………… 78, 86
カテゴリー …………………………………… 100, 108
カテゴリーウィジェット ………………………… 168
カバーブロック …………………………………… 116
カラムブロック …………………………………… 120
カラーミーショップ ……………………………… 223
カルーセル ………………………………………… 70
カレンダーウィジェット ………………………… 168
管理画面 …………………………………… 38, 41, 42
管理者 ……………………………………………… 51
管理者ページ URL …………………………… 41, 42
管理バー …………………………………………… 42

■き
キーカラー ………………………………………… 69
企業ロゴ …………………………………………… 28
キャッチフレーズ …………………………… 45, 66
キャプション ……………………………………… 113

■く
ギャラリー機能 …………………………………… 110
ギャラリーブロック ………………………… 110, 111

■く
クラシックブロック ……………………………… 130
グローバルナビ …………………………………… 161
グローバルメニュー ……………………………… 160

■け
権限グループ ……………………………………… 51
検索ウィジェット ………………………………… 168
検索エンジン ……………………… 39, 107, 201, 208
検索エンジンによるサイトのインデックス … 41, 107

■こ
公開状態 …………………………………………… 224
公式テーマ ………………………………………… 60
公式テーマのインストール ……………………… 60
固定ページ ……………………… 44, 76, 132, 150, 160
固定ページ一覧 …………………………………… 132
固定ページウィジェット ………………………… 168
固定ページを削除 ………………………………… 132
固定ページをメニューに登録 …………………… 162
コピーライト情報 ………………………………… 178
ゴミ箱 ………………………………………… 82, 132
コメント ……………………………………… 44, 45
コメントスパム …………………………………… 205
コメント欄を閉じる ……………………………… 227
コンタクトフォーム ……………………………… 149
コンテンツ ………………………………………… 16

■さ
最近のコメントウィジェット …………………… 168
最近の投稿ウィジェット ………………………… 168
サイト ……………………………………………… 24
サイト URL …………………………………… 39, 40, 47
サイトアドレス …………………………………… 48
サイト構成 ………………………………………… 25
サイトタイトル …………………………… 39, 45, 66
サイトに切り換え ………………………………… 43
サイドバー ……………………… 42, 56, 160, 168, 182
サイトロゴ ………………………………………… 67
サイトを表示 ……………………………………… 106
サイトを復旧 ……………………………………… 220
再利用ブロック …………………………………… 232
さくらインターネット …………………………… 30
サムネイル ……………………………………… 88, 110

■し
下書きとして保存 …………………………… 81, 83
下書きへ切り替え ………………………………… 81

索引

写真素材 …………………………………………… 222
写真素材 足成 ………………………………………… 18
順序付きリスト ………………………………… 92, 96
ショートコード …………………………………… 150
ジョブ ……………………………………………… 213
新規投稿を追加 …………………………………… 83
新着情報 …………………………………… 56, 180

す
スパムコメント …………………………………… 228
スペーサーブロック ……………………………… 125
スマートフォン …………………………………… 58
スライドショー ……………………………… 56, 70
スラッグ …………………………………………… 101

せ
静的サイト ………………………………………… 20
セキュリティ対策 ………………………………… 202
セル ………………………………………………… 135

そ
ソーシャルボタン ………………………………… 186
素材サイト ………………………………………… 222

た
代替テキスト ……………………………………… 72
タグ 100, 103
タグクラウド ……………………………………… 170
タグクラウドウィジェット ……………………… 168
ダッシュボード ……………………………… 42, 44
タブレット ………………………………………… 58
段落ブロック ………………………………… 78, 83, 97

ち
地図 ………………………………………………… 138
中央揃え …………………………………………… 92

つ
ツール ……………………………………………… 45
ツールバー …………………………………… 81, 92

て
ディスカッション ………………………… 45, 227
テーブルブロック ………………………………… 135
テーマ ………………………………………… 23, 54
テーマカラー ……………………………………… 69
テーマのインストール …………………………… 60
テキストウィジェット ……………… 168, 181, 185, 193
テキストの色 ……………………………………… 93
デフォルトアイキャッチ画像 …………… 172, 226
添付ファイルのページ …………………………… 113

と
投稿 …………………………………………… 44, 76
投稿一覧 …………………………………………… 82
投稿設定 …………………………………………… 45
投稿の削除 ………………………………………… 82
動的サイト ………………………………………… 20
独自ドメイン ……………………… 18, 32, 47, 52
トップ画像 ………………………………………… 56
トップページ ……………………………………… 56
トップページコンテンツエリア ………………… 177
トップページ設定 ………………………………… 175
トピックエリア ………………………… 56, 172, 174
ドメインの種類 …………………………………… 52
取り消し …………………………………………… 81
トリミング ………………………………………… 65

な
ナビゲーションメニュー ……………………… 42, 44

に
ニックネーム ……………………………………… 50

ね
ネームサーバー ……………………………… 35, 47
ネットショップ …………………………………… 223

は
パーマリンク ……………………………………… 46
パーマリンク設定 ………………………………… 45
パーマリンクを変更 ………………… 84, 133, 137, 151
パスワード ………………………………………… 39
パスワードの変更 ………………………………… 43
パスワード保護 …………………………………… 224
バックアップ ……………………………………… 212
バックアップオプション ………………………… 220
バナー ……………………………………………… 182
バナーリンク ……………………………………… 195

ひ
ビジュアルエディター …………………………… 130
左寄せ ……………………………………………… 92
表示設定 ……………………………………… 45, 107
表示名 ……………………………………………… 50
ピンバック ………………………………………… 206

ふ
ファビコン …………………………………… 172, 225
フォーム …………………………………………… 146
フォームのメッセージ …………………………… 153
副項目 ……………………………………………… 167
不正ログイン ……………………………………… 206

237

フッター ·· 57, 178
太字 ·· 92, 93
プラグイン ·· 23, 45, 144
プラグインを更新 ·· 144
プラグインを有効化 ·· 145
フリー素材 ··· 18
ブルートフォース攻撃 ·· 204
プレビュー ··· 84
ブロックエディター ··· 80
ブロックの移動・削除 ··· 79
ブロックのタイプ変更 ··· 97
ブロックの追加 ······································ 81, 83, 86
ブロックパネル ··· 81
プロフィール ··· 50
プロフィールを編集 ··· 43
フロントページ ··· 45
文書パネル ······························ 81, 84, 102, 104

へ
ヘッダー ·· 160
ヘッダー画像 ··· 62
編集者 ··· 51

ほ
ボタンブロック ·· 126

み
右寄せ ··· 92
見出し ·· 92, 96
見出しブロック ··· 96

む
ムームードメイン ··· 33

め
メールアドレス ·· 149
メタキーワード ·· 209
メタ情報ウィジェット ·· 168
メタディスクリプション ······································ 208
メディア ·· 44, 45
メディア設定 ··· 91
メディアと文章ブロック ·································· 78, 98
メディアファイル ··· 89
メディアライブラリ ···················· 45, 62, 72, 86, 105, 111
メニュー ··· 56, 160, 196
メニューの階層化 ·· 165
メンテナンス画面 ·· 198

も
モバイルデバイス ··· 58

や
やり直し ··· 81

ゆ
ユーザー ··· 45
ユーザーアカウント ··· 36
ユーザー名 ··· 39, 42, 50

ら
ライブプレビュー ··· 60
ラジオボタン ·· 155

り
リストブロック ··· 95
リスト攻撃 ·· 204
リンク先 ·· 89, 113
リンクの挿入 ··· 94
リンクを新しいタブで開く ························· 89, 194, 196

れ
レンタルサーバー ···································· 17, 30, 36
連絡先の情報 ·· 179

ろ
ログアウト ··· 43
ログイン ··· 49
ログインアラート ·· 206
ログインページ ·· 203, 204
ログイン履歴 ·· 204
ログインロック ·· 206
ロゴ ··· 56
ロリポップ ··· 30, 220
ロリポップ ユーザー専用ページ ································ 38

著者プロフィール

星野邦敏（ほしのくにとし）

WordPress のテーマやプラグインを開発している株式会社コミュニティコム代表取締役。大宮経済新聞を始めとする Web メディアも自社で運営。コワーキングスペース・貸会議室・シェアオフィスの経営も手がけるほか、一般社団法人コワーキングスペース協会の代表理事、NPO 法人クッキープロジェクトの理事などを務める。
株式会社コミュニティコム　https://www.communitycom.jp/

吉田裕介（よしだゆうすけ）

株式会社コミュニティコムのプログラマー。Saitama WordPress Meetup や WordCamp Tokyo など、WordPress イベントへの登壇や実行委員を務める。公式テーマ「saitama」や「dekiru」、プラグインを公開している。

羽野めぐみ（はのめぐみ）

学生の頃から Web やデザインに興味を持ち、独学で勉強を始める。現在は株式会社キッチハイクで、デザイナーとしてプロダクトデザインを担当。業務の傍ら、GitHub 上にオープンソースのプロダクトを公開。デザイン・エンジニアリングに関わらずイベントでの登壇も行う。
https://note.mu/featherplain

大胡由紀（おおごゆき）

株式会社コミュニティコムのライター。同社の WordPress を使ったオウンドメディアの企画・運営に携わるほか、大宮経済新聞副編集長・埼玉新聞タウン記者として、年間 100 本以上の地域に密着した取材・執筆活動を行う。

清水由規（しみずゆき）

株式会社コミュニティコムのデザイナー・プランナー。2011 年よりウェブ業界に従事し、グローバル企業から中小企業・個人商店まで、大小さまざまなウェブサイトの企画・制作・運用プロジェクトに携わる。現在は普及活動にも力を入れており、セミナーイベントへの登壇やレッスン講師、イベントスタッフとしても活動している。

清水久美子（しみずくみこ）

株式会社コミュニティコムのデザイナー・マークアップエンジニア。2001 年よりウェブサイト制作に携わり、フリーランスを経て現職。静岡県でフルリモート勤務のかたわら、勉強会の自主開催や静岡 WordPress Meetup などへの登壇、地元コミュニティ活動などにも力を入れる。好物は写真と猫、A11y。

山田里江（やまだりえ）

株式会社コミュニティコムのライター・ディレクター。モバイルサイトのディレクター、企業のオウンドメディア担当、フリーランスのプロジェクトマネージャーなどを経て、現職では WordPress を利用したメディア運営に携わっている。

リブロワークス

書籍の企画、編集、デザインを手がけるプロダクション。扱うジャンルは IT 系を中心に幅広い。最近の著書は、『今すぐ使えるかんたん Outlook 2019』（技術評論社）、『スラスラ読める Ruby ふりがなプログラミング』（インプレス）など。

お問い合わせについて

本書に関するご質問については、本書に記載されている内容に関するもののみとさせていただきます。本書の内容と関係のないご質問につきましては、一切お答えできませんので、あらかじめご了承ください。

また、電話でのご質問は受け付けておりませんので、必ずFAXか書面にて下記までお送りください。

なお、ご質問の際には、必ず以下の項目を明記していただきますよう、お願いいたします。

1 お名前
2 返信先の住所またはFAX番号
3 書名（小さなお店＆会社のWordPress超入門　～初めてでも安心！思いどおりのホームページを作ろう！改訂2版）
4 本書の該当ページ
5 ご使用のOSとWordPressのバージョン
6 ご質問内容

なお、お送りいただいたご質問には、できる限り迅速にお答えできるよう努力いたしておりますが、場合によってはお答えするまでに時間がかかることがあります。

また、回答の期日をご指定なさっても、ご希望にお応えできるとは限りません。あらかじめご了承くださいますよう、お願いいたします。

問い合わせ先

〒162-0846
東京都新宿区市谷左内町 21-13
株式会社技術評論社　書籍編集部
「小さなお店＆会社のWordPress超入門　～初めてでも安心！思いどおりのホームページを作ろう！改訂2版」質問係
FAX番号　03-3513-6167　URL：https://book.gihyo.jp/116

※ご質問の際に記載いただきました個人情報は、回答後速やかに破棄させていただきます。

小さなお店＆会社のWordPress超入門
～初めてでも安心！思いどおりのホームページを作ろう！改訂2版

2016年8月25日　初版　　第1刷発行
2019年7月 5日　第2版　第1刷発行
2021年6月11日　第2版　第2刷発行

著　者●星野 邦敏、吉田 裕介、羽野 めぐみ、大胡 由紀、清水 由規、清水 久美子、山田 里江、リブロワークス
発行者●片岡　巌
発行所●株式会社 技術評論社
　　　　東京都新宿区市谷左内町 21-13
　　　　電話　03-3513-6150　販売促進部
　　　　　　　03-3513-6160　書籍編集部

装丁●坂本 真一郎（クオルデザイン）
本文デザイン●株式会社リブロワークス
本文イラスト●株式会社リブロワークス
写真協力●社会福祉法人青い鳥福祉会
　　　　　社会福祉法人歩む会福祉会
　　　　　お菓子工房 CoCo
　　　　　NPO法人クッキープロジェクト
編集／DTP●株式会社リブロワークス
担当●伊藤　鮎（技術評論社）
製本／印刷●株式会社加藤文明社
定価はカバーに表示してあります。

落丁・乱丁がございましたら、弊社販売促進部までお送りください。交換いたします。
本書の一部または全部を著作権法の定める範囲を超え、無断で複写、複製、転載、テープ化、ファイルに落とすことを禁じます。

©2019 株式会社コミュニティコム、株式会社リブロワークス
ISBN978-4-297-10555-6 C3055
Printed in Japan